―― ちくま学

フィールズ賞で見る現代数学

マイケル・モナスティルスキー
眞野 元 訳

筑摩書房

MODERN MATHEMATICS
IN THE LIGHT OF THE FIELDS MEDALS
by
Michael Monastrysky
Copyright © 1998 by A K Peters, Ltd.
Japanese translation published by arrangment with
Michael Monastrysky through The English Agency (Japan) Ltd.

本書をコピー、スキャニング等の方法により無許諾で複製することは、法令に規定された場合を除いて禁止されています。請負業者等の第三者によるデジタル化は一切認められていませんので、ご注意ください。

序　文

フリーマン・ダイソン

　この小著は少なくとも三つの点で際立っている．第一に，現代数学全体の概説を［原書のページ数にして］たったの 150 ページに収めていることである．第二に，それが真に国際的な射程を持ち，すべての国の数学者の優れた成果を公平に述べていることである．第三に，実に見事な参考文献が与えられており，本文でごく簡単にしか言及されなかった多数の主題について，詳細な情報を得ることのできる原論文やレビュー記事の情報を載せていることである．

　数学のすべてを 150 ページで要約するというアイディアは，一見馬鹿らしくも思える．今まで誰もそれをやってこなかったのは，おそらくその馬鹿らしさが目に見えて明らかだったからだろう．にもかかわらず，モナスティルスキー氏は勇敢にもそれにチャレンジし，実に見事に成し遂げたのだ．そのためには，大胆さだけでなく，多数の言語で書かれた幅広い文献を読んで理解するという類まれなる能力も必要だった．かけ離れた背景をもつアイディア間の関係を見極める視野の広さも必要だった．事実を歪めること

なく簡略化するという手腕も必要だった．この作業を成功させるために必要な知識と視野と手腕とを持った数学者は，モナスティルスキー氏だけではないかもしれない．しかし，これらの要件と仕事を貫徹させる意志の力までをも兼ね備えた数学者は，彼のほかにはいない．

　モナスティルスキー氏が見せてくれるのは，フィールズ賞を便利な一里塚とした数学の世界への，言わば道路地図である．道路地図であるため，この著作の大部分は名前とそれらの繋がりのみで成り立っている．重要な人物や重要な概念の名前に言及し，それらの間の関係を簡単に記述しているというわけだ．したがって，それは風景の美しさを詳細に記述するような地形図ではない．それに，150ページという分量ですべての人物について説明することも，様々な関係性の曲がりくねった様子を説明することも不可能である．使いやすいためには，道路地図は情報過多になってはいけない．数学の簡潔な全体像を提示してくれているという点で，この著作が専門家・非専門家の両方にとって有益なものであると私は信じている．親しみのない分野へ道に迷わずに移っていくにはどうすればよいか，そして必要に迫られたとき——豊富な参考文献を通じて——より詳細な情報をどこで探せばよいか，この本は教えてくれる．

　この著作の有用性を示すためにもう一つ，ヒトゲノム計画の比喩を考えてみよう．ゲノムは，数学と同じく，人間の理解の限界を引き伸ばす複雑な構造を持っている．ゲノ

ムプロジェクトはシークエンシングとマッピングという二つの部分から成り立っている．シークエンシングは人間の遺伝子を生成する道具の基礎となる正確な塩基配列を発見することである．マッピングは最も重要な遺伝子を特定し，それらが互いの関連性の中でどこに存在しているかを大雑把に特定することである．シークエンシングはまだ先の行程が長いが，マッピングはすでに実用的な道具となっている．科学や薬学での実用的応用に関する限り，マッピングはシークエンシングより役に立っている．マッピングは人間の遺伝子の道路地図である一方，シークエンシングは遺伝子それ自身のより詳細な情報を与えてくれる．この比喩を数学に適用すれば，ゲノムシークエンシングは『マセマティカル・レビューズ』誌——この雑誌は現在までに数百巻も刊行されている——になぞらえることができるかもしれない．マッピングの数学バージョンは，モナスティルスキー氏のこの小著にぴったり当てはまる．

　モナスティルスキー氏は人生の多くの部分をソビエト連邦で「内なる亡命者」として過ごし，自由に旅行や出版ができないという不運をかこってきた．しかしながらこの不運は，本人にとってどれほど苦痛を伴うものであったとしても，この著作を書く場合には有益な帰結をもたらした．一つの帰結は，彼がほかの幸せな環境にあった数学者より多くの時間を文献の濫読に充てることができたことである．もう一つの帰結は，ソビエト連邦以外では名前がほとんど知られることのなかった多数の優れた数学者の業績に

触れることができたことである．何よりこの本は，ソビエト体制の酔狂により人生や研究を妨害されてしまった，2世代にわたるソビエト数学者たちの強烈な記念碑なのである．

　本書の読み方について，読者へ最後の注意を．道路地図を有効に使うために必要とされるのは，土地の名前が重要かどうかを理解することではない．この本をランダムに拾い読みしてみれば，鏡の国を旅行するアリスが「ジャバウォッキ」の詩に遭遇し，その言葉を詳細に説明されるくだりに似た気持ちになるだろう．

　　ゆうまだきらら　　しなねばトオヴ
　　まわるかのうち　　じゃいってきりる
　　いとかよわれの　　おんボロゴオヴ
　　ちでたるラアス　　ほさめずりつつ*

アリスは，詩の中で唯一理解できたことは誰かが誰かを殺したことだけだったと言っている．同じように，本書のある部分は「ジャバウォッキ」のように見え，読者が唯一理解できることは，誰かが何かを証明したことだけであるかもしれない．しかし，もしそうなってしまったとしても，怒ってこの本を捨てるようなことはしないでほしい．道路地図の目的は，親しみのない土地で道を探す手助けを

---

　　* ［訳注］矢川澄子訳『鏡の国のアリス』（新潮文庫），p. 28-29.

することにあるのだから，もし読者がその土地の風景に馴染みがあるのなら，地図は必要ない．この本の正しい使い方は，本当に理解しようとしている部分にたどり着くまでは，よくわからないことを軽く飛ばし読みすることである．現代数学がどのようなものかを真剣に勉強したいと思っている学生にとっては，この本の最も重要な部分は参考文献であろう．参考文献に深入りしない気ままな読者，および地元の言語を話さない数学の風景の旅行者にとって，道路地図は役立つ情報を豊富に与えるだろう．数学の旅行者はジョン・フィールズの人間ドラマやフィールズ賞を，葉層と関手の違いを理解しなくても楽しむことができるだろう．それはちょうど，トリプル・ルッツとトリプル・アクセルの違いがわからなくても，フィギュアスケートの観戦を楽しめるのと同じことである．

まえがき

 ある著名な物理学者が科学論文を出版する著者たちに対して，次のようなアドバイスをしたことがある．「論文を出版社に投稿する前に，それを机の引き出しの奥深いところに隠しておきなさい．6カ月後に取り出して読み直してみて，もし嫌悪感やゴミ箱に捨てたい気持ちが起きなければ，出版社に送ればよい．」

 良いアドバイスがすべてそうであるように，このアドバイスに従う人は現実にはほとんどいないし，アドバイスした本人でさえ，こんなことはしないだろう．本書は私にはどうすることもできない諸事情のため，ほとんどを書き終えてから出版に至るまで約6年を要した．つまり私はこのアドバイスを完全には生かすことができず，妥協を許したのである．ロシア語版は1991年に出版された．その本は誤字や編集上の間違いのみならず，著者自身の誤りも含んでいた．そしてその不備を補うかのように，A. N. コルモゴロフの書いた「乱数テーブルについて」という記事が収められていた．このロシア語版を出版したのはズナニーという出版社であるが，「数学とサイバネティックス」というシリーズの気まぐれさに振り回され，ふたりの著者の記事

を無理矢理ひとまとめにするという，通常ではありえない事態が起きたのだった．

それはともかくとして，この共著は望外の好評を得た．この著作の誤植を見たときに味わった小さな嫌悪感は，出版の成功に比べれば，刊行から4年も経つうちにかすんでいった．1992年には，「数学とサイバネティックス」のシリーズ，ズナニー社，そしてソビエト連邦ですらみんな無くなり，そしていま，ロシアで科学の本を出版することはかなわぬ夢となってしまった．この英語版では若干の内容修正が施され，賞の創設に関連してジョン・チャールズ・フィールズの伝記からいくつかの事実が追加された．これは，フィールズの友人でありフィールズ賞の創設という歴史的事件にも直接立ち会ったアイルランドの数学者かつ物理学者のジョン・ライトン・シングの未出版の自伝から得た知識である．

マイケル・モナスティルスキー

ロシア語版のまえがき

　この小著は1989年に『歴史的数学研究』誌で発表された記事に加筆を施したものである．1979年にリーマンに関する小冊子を初めてズナニー社から出版したが，同社から「数学とサイバネティックス」のシリーズの一環として本書を出版する提案を受けたことは私にとって嬉しい驚きであった．出版までには限られた時間しかなかったため，本文を広範に改訂する機会がなかった．しかしながら，主要な点では改訂を要する部分はなかったように思う．唯一まじめに追加した点は，1990年のフィールズ賞受賞者たちの論文の分析である．新しいフィールズ賞受賞者たちの顔ぶれは，私が1989年の終わりに行った予想と完全に一致するものだった．

　ソビエト数学の高いレベルは1990年の京都における国際数学者会議でも確認された．フィールズ賞受賞者のひとりはソビエト数学者であるV. G. ドリンフェルトであった．応用数学のネヴァンリンナ賞もソビエト数学者のA. A. ラズボロフに授与された．受賞者はふたりとも授賞式に出席した．総会での1時間の講演，または各部会での45分講演の招待を受けることはすべての数学者にとって栄誉

なことである．京都の会議では，ソビエト数学者が参加したということが重要な意味を持っており，B. L. フェイギン，G. A. マルグリス，Ya. G. シナイ，A. N. ヴァルチェンコが1時間講演を行ったほか（会議全体でも1時間講演は15個しかない），18人が45分の部会発表を行った．ソビエト代表として参加したのは約100人であったが，前回と異なって招待講演者は会議に自由に参加できるようになった．何人かの講演者は欠席したものの，これは完全に個人的な理由による．会議の参加者たちはソビエト数学界の幸先のよい変化に満足の意を表明した．この変化は主としてソビエト連邦の社会的環境が改善されたことに起因するものである．しかし不幸なことに，国内の苦しい社会情勢，政情不安，経済的難題は科学，特に数学の将来に深刻な懸念をもたらしている．

　何世代にもわたって勝ち取ってきたソビエト数学の主導的立場を失うことは，単に科学の一分野を失うことではない．数学はすべての自然科学の知識の基礎であるだけではなく，音楽・文学・芸術に劣らない重要な文化の一要素である．私の意見では，数学における主導的立場を失うことは，先進国の中でしかるべき立場と敬意を得ようと取り組むわが国の努力に対して，取り返しのつかない衝撃を与えることになるだろう．

マイケル・モナスティルスキー

目　次

序文（フリーマン・ダイソン）　3
まえがき　8
ロシア語版のまえがき　10

プロローグ

ジョン・チャールズ・フィールズの略歴 …………………… 24
フィールズ賞の歴史 ……………………………………………… 27

第1部　1990年まで

トポロジー
ジャン゠ピエール・セール ……………………………… 39
ルネ・トム ………………………………………………… 46
ジョン・ミルナー ………………………………………… 51
マイケル・フランシス・アティヤー …………………… 55
スティーヴン・スメール ………………………………… 63
セルゲイ・ペトロヴィッチ・ノヴィコフ ……………… 68
マイケル・フリードマン ………………………………… 73
サイモン・ドナルドソン ………………………………… 74
ウィリアム・サーストン ………………………………… 78

複素解析
S. T. ヤウ（丘成桐） …………………………………… 81
ラース・アールフォルス ………………………………… 83
小平邦彦 …………………………………………………… 84

代数幾何
- アレクサンドル・グロタンディーク …………… 86
- 広中平祐 …………… 89
- デイヴィッド・マンフォード …………… 91
- ピエール・ドゥリーニュ …………… 92
- ゲルト・ファルティングス …………… 96

整数論
- アトル・セルバーグ …………… 97
- クラウス・ロス …………… 104
- アラン・ベイカー …………… 107
- エンリコ・ボンビエリ …………… 110
- ジェス・ダグラス …………… 113

代　数
- ジョン・トンプソン …………… 116

その他
- グレゴリー・アレクサンドロヴィッチ・マルグリス …… 119
- ダニエル・キレン …………… 121
- ローラン・シュワルツ …………… 123
- ラース・ヘルマンダー …………… 125
- チャールズ・フェファーマン …………… 126
- アラン・コンヌ …………… 128
- ポール・コーエン …………… 131

第2部　1990年以降

1990年の受賞者
- 森重文 …………… 137
- ウラジミール・ゲルショノヴィッチ・ドリンフェルト …… 141
- ヴォーン・ジョーンズ …………… 146

エドワード・ウィッテン ……………………………… 151
1994 年の受賞者
　　エフィム・ゼルマノフ ……………………………… 156
　　ジャン・ブルガン …………………………………… 159
　　ピエール＝ルイ・リオン …………………………… 164
　　ジャン＝クリストフ・ヨッコス …………………… 167
1998 年の受賞者
　　マキシム・コンツェヴィッチ ……………………… 176
　　ティモシー・ガワーズ ……………………………… 179
　　リチャード・ボーチャーズ ………………………… 182
　　カーティス・マクマレン …………………………… 188
2002 年の受賞者
　　ローラン・ラフォルグ ……………………………… 194
　　ウラジミール・アレクサンドロヴィッチ・ヴォエヴォドスキー ……………………………………………………………… 195
2006 年の受賞者
　　アンドレイ・ユーリエヴィッチ・オクンコフ …… 197
　　グレゴリー・ヤコヴレヴィッチ・ペレルマン …… 202
　　テレンス・タオ（陶哲軒） ………………………… 204
　　ウェンデリン・ウェルナー ………………………… 206

フィールズ賞受賞者・委員会メンバー一覧　211
参考文献　216
訳者あとがき　229
人名索引　233

フィールズ賞で見る現代数学

プロローグ

　純粋な科学の著作をものするのであれば，その本を書く理由を説明する必要はない．しかしながら，それがジャーナリズムと混交した著作となると状況は異なる．科学界における自分自身の評判に価値を置く者ならば，いくばくかの説明を行うのが当然である．

　1978年，ソビエトの数学者であるG. A. マルグリスは他の第一級の3人の数学者たちとともにフィールズ賞を受賞した．これは賞がソビエト数学者に与えられた例としてはまだ2番目であった．最初の例は1970年のときで，メダルはS. P. ノヴィコフに与えられた．どちらの機会も，ソビエトの数学研究の優れた才幹が国際的に認知された証拠として，ソビエト数学界が喜ぶべき事態であった．しかし，何ということか，実際はそうならなかったのである．ソビエト科学界は何が起こっているかをほとんど認識せず，困ったことに科学界の指導者たちはふたりの受賞者が授賞式に出席する機会を奪ってしまったのである．この決定をくだしたのは，I. M. ヴィノグラドフにより主導されていたソビエト数学者の国内委員会である．ヴィノグラドフと，不愉快なことにL. S. ポントリャーギンが，マルグリ

スを 1978 年のヘルシンキ会議のソビエト代表から排除するという恥ずべき仕打ちの主たる黒幕であった*.

　この時点で，私の中でフィールズ賞，賞の創設にかかる歴史，および受賞者たちの業績に関する簡明かつ一般的な解説を著すというアイディアが浮かんでいた．もともとそれは『サイエンティフィック・アメリカン』や『ラ・ルシェルシュ』といった雑誌と同じレベルの雑誌である『プリロダ』誌（「自然」という意）で発表される予定であった．著名なソビエトの数学者である B. N. デローネは多年にわたり，その編集部の数学担当のメンバーであった．デローネは伝説的な人物で，有名な登山家でありセールプレーン（軽グライダー）の製作者であり，また芸術家であり音楽家であった．ヨーロッパで教育を受けた彼は，誠実さと（山登りにおいてだけでない）勇敢さを備えた人物であった．その証拠として，彼はアカデミー会員の A. D. アレクサンドロフとともに，あるときモルドヴィアの捕虜収容所に旅行をしたことがある．そこにはデローネの孫である詩人ヴァディム・デローネが，1968 年のチェコスロバキア侵攻（プラハの春）のあとで収容されていた．ついでに言うならば，長年にわたって地下出版を続け，物議を醸した著作『酔どれ列車，モスクワ発ペトゥシキ行き』の著者でもあるヴェネディクト・エロフェーエフはデローネの別荘(ダローチャ)に住

---

　*　アカデミー会員ポントリャーギンの『サイエンス』誌（1979 年，第 205 巻 4411 号）への書簡において，この決定について初めて行った釈明を見ることができる．

んでいた．このような活動はそのころのソビエトの現実から考えると異常なことであった．本筋に関係ないこの小さな脱線は，その後に続いておこる事件の心構えを読者にしていただくためである．

もともとデローネはフィールズ賞の略史を準備することについて好意的で，私と一緒に執筆するという決定がなされていた．しかし，事態は意外な方向に向かった．記事が印刷に回される準備が整ったとき，デローネは私に電話をかけてきて，ヴィノグラドフとポントリャーギンがその出版をしないように懇願してきたと言うのである．彼らは，記事を『プリロダ』に載せないようにするためには十分すぎるほどの影響力を持っていた．1980年の死の直前，デローネは自分が束の間見せた弱さを嘆いていたが，それをソビエト数学の邪神であるヴィノグラドフの魔術的な影響力のせいにしていた．執筆した記事は縮約され，部分的な形で1982年，私の名前のみで『科学と技術の歴史にかんする諸問題』（第2号，pp. 72-75）という雑誌に発表された．

1970年代のソビエト数学の陰鬱な状況は，才能ある多数の若手数学者（それほど若くない若干の数学者も含む）の亡命を招いた．1983年にヴィノグラドフが死去した後，新しい人物が指導者になってからやや状況が改善した．国際科学界の断固とした対応が相当程度この改善を促した．

上記の事件から10年が経過したとき，思わぬことにビルクホイザー社が，フィールズ賞に関する小著を書くよう私に提案してきた．いくらか躊躇したものの，私は了解し

た*.そのよしあしは読者自ら判断されたい.ついでにいくつかの注意を述べておこう.

1. 数学は単一の学科であるが,この事実は日々の研究の中では必ずしも自明ではない.しかし,優れた数学者たちにより得られた結果に親しむにつれて,そのことは明白になるだろう.このように気づくことは,フィールズ賞受賞者の業績を分析することによって得られるひとつの副産物である.賞は毎回,国際数学者会議の直前の年に優れた業績を挙げた数学者に対して,そしてときにはお互い非常にかけ離れた分野の数学者に対して授与されるものの,それらの分野の間に存在する真に素晴らしい関係が,時の経過とともに発見されてきている.そのため,フィールズ賞受賞者たちの業績の ε 近傍は現代数学の重要な部分をカバーする.

2. 二つの世界大戦の間,そしてとりわけ第 2 次世界大戦後の純粋数学の発展は,応用数学,特に物理学との弱い関連性によって特徴づけられてきた.この結びつきはフィールズ賞受賞者たちが研究を行ってきた数学の領域においてことに当てはまるものであった.層,エタール・コホモロジー,J 関手といったような概念が物理学に応用されるとは考えもつかないことであった.物理学が代数トポロジーや代数幾何の研究を助けることはさらに想像しがたかった.この観点は人口に膾炙していたものであり,ジャン・

---

* [訳注]原書は結局ビルクホイザー社でなく AK ピーターズ社から刊行された.

デュドネは1962年にこの問題を以下のように明瞭に述べている*.

> 数学が他の科学への応用を自ら断ち切ることにより招来する悲惨な帰結を常々警告してきた終末論者たちがいるが，彼らの陳腐な決まり文句に，近年の歴史がいかに従って来なかったかを私は強調したいと思う．私は，理論物理学のような他の学問との緊密な連携がすべての関係者にとって無益であると言いたいわけではない．しかし，私が話してきた複数の驚異的な進展のすべては，例外があるとしたら超関数論くらいなもので，物理学への応用とは全く関係がなかったことは明々白々である．

しかし，国際的に表明された意見によくあることであるが，状況は10年から15年後に面目を一新することになる．過去数年における現代物理学と数学との一致団結により，両者は例外的に実りある進展を遂げた．さらに，最も蘊奥を極めた数学の分野にすばらしい応用が発見された．また，本書にも関係するはずの，数学のある注目すべき業

---

* 1962年にウィスコンシン大学で行った講演において，デュドネは純粋数学の過去10年の進展の概説を行っているが，彼が強調する分野は代数幾何，代数トポロジー，複素解析および代数的整数論である．J. Dieudonné, "The development of modern mathematics," *American Math. Monthly*, **71**(1964), 239-242を参照．

績は物理学の論文から派生したアイディアに基づいている．最近の例で言えば，ショットキー問題の解であり，それは非線型カドモツェフ - ペトヴィアシュヴィリ方程式の理論を用いている．

ジョン・チャールズ・フィールズの略歴

　フィールズ賞の創設者であるジョン・チャールズ・フィールズは 1863 年 5 月 14 日にカナダのオンタリオ州ハミルトンで誕生した．1884 年にトロント大学を卒業した後，1887 年に博士号をジョンズ・ホプキンス大学から授与されている．1892 年にフィールズはヨーロッパに渡り，ベルリンやパリのセミナーに主に出席していた．その後の 10 年の間に彼はフェルディナント・ゲオルク・フロベニウス，ヘルマン・アマンドゥス・シュワルツ，ラザルス・フックスといった数学者たちや，物理学者のマックス・プランクと知己を得るようになる．1902 年に彼はカナダのトロント大学に戻り，そこで生涯勤務し続けた．フィールズはカナダ王立協会（1907 年），ロンドン王立協会（1913 年），ロシア科学院（1924 年）をはじめいくつかの学士院のメンバーでもあった．

　数学においてフィールズは，代数関数論や代数学という，まさに半世紀以上経って多数のフィールズ賞受賞者が集中することになる分野に重きを置いていた．フィールズ自身もリーマン - ロッホの定理の代数的証明を与えている．しかし，彼の偉大な令名はその国際的な活動による．

彼の努力を通して国際会議が 1924 年にカナダで開催された．

　フィールズは，会議がボイコットされるかもしれないという危機を克服しなければならなかった．これは，ドイツ人や第 1 次世界大戦のドイツ同盟国の数学者たちが招待された場合，主にフランスの数学者たちによって引き起こされるものであった．おそらく，この問題に関する戦術的考慮の末，フィールズはトロントで会議を開催する提案を行ったものと思われる．彼はその会議を「国際数学会議」（International Mathematical Congress）と呼んだ．この会議はそれまで「国際数学者会議」（International Congress of Mathematicians）と呼ばれていた*．

　フィールズは巧みに会議の組織的運営を指揮し，イデアル論に関する論文を提出した．この会議で初めて国際的な数学賞が議論された．最終的な結論は 8 年後のチューリッヒでの国際会議にまで持ち越される．

　フィールズ賞の提案のために準備作業が何年も続いたが，決定的な事態が 1932 年初頭に起こった．1 月，フィールズは「数学の優れた業績に対する国際的な賞について」と題する覚書きを書いた．この覚書きは賞の憲章，表彰手続き，そしてメダルのデザインに関する一般的希望に至るまで詳細に論じている．フィールズは 9 月に行われるチューリッヒでの国際会議の発表のためにそれを準備してい

---

*　[訳注] 現在の名称は「国際数学者会議」（International Congress of Mathematicians）である．

た．しかし5月，彼は危篤に陥る．トロント会議の秘書でフィールズの親友であったジョン・ライトン・シング教授は，彼が突然フィールズに呼ばれて赴いたところ，フィールズがすでに危機的な状況であったことを回顧している．遺言が用意され，フィールズは彼の遺産のほとんどを賞に贈与した．フィールズの遺言にしたがって，シングはチューリッヒ会議の実行委員会の決議を求める覚書きを発表することになった．

フィールズが決議を知ることはなかった．彼は1932年5月，会議が始まる1カ月前に亡くなった．

この問題を考える追加委員会の会議は荒れた．委員会の全員が賞の創設に賛成であったわけではない．特にオズワルド・ヴェブレンは，科学の研究はそれ自身が称賛されるべきであって研究者は追加の奨励を必要としないというテーゼに則っていたものと見え，創設に反対の弁を述べた．それにもかかわらず，委員会のメンバーのほとんどがフィールズ賞に賛成した．会議の総会でこの問題は最終的に賛成多数で決議された．

受賞者に与えられるメダルに関しては面白い話がある．カナダの愛国者として，フィールズはメダルをカナダの建築家にデザインしてほしいと思い，エディンバラ，ケンブリッジ（英国），プリンストンにある戦没者の記念碑創設で有名なテイト・マッケンジーに依頼した．マッケンジーはギリシャ数学者のアルキメデスを描こうとした．フィールズの遺志にしたがい，アルキメデスはギリシャの人である

が，対応するテキストがラテン語の学者であったノーウッドによってラテン語で起草された*．カナダの造幣所がメダルを鋳造した．

最初のフィールズ賞が1936年にオスロで授与されてから，30人以上の数学者がこれまで表彰されてきた．賞は国際数学界にとって必要不可欠なものになっていった．

フィールズの無私の活動はカナダでは忘れ去られていない．1992年に開学したオンタリオ州のウォータールー大学の数学研究所は彼の名前が冠されている**．

フィールズ賞の歴史

1990年8月21日，日本の京都で開催された国際数学者会議の開幕にあたり，伝統に従い，国際数学連合により純粋数学***の最高峰の栄誉であるフィールズ賞が発表された．フィールズ賞はこのとき創設50年という大きな節目の年を迎えたのである．数学における賞の歴史を繙いてみることにより，フィールズ賞の長寿の意義を評価することができるだろう．

19世紀，突出した科学的成果に対する賞は実際にはヨーロッパの各学士院で設けられており，そのうちの多数が外

---

* ［訳注］メダルには "TRANSIRE SUUM PECTUS MUNDOQUE POTIRI"（「己を高め，世界を捉えよ」）と刻印されている．
** ［訳注］現在はトロント大学に移管されている．
*** 応用数学の賞であるネヴァンリンナ賞も1982年から授与されるようになった．

国の数学者に授与していた．しかし，ただ単に授与をしていたという事実だけで，ヨーロッパを通して恒久的な，重要な賞になるというのではない．個々の難問の解答に対して表彰する場合には臨時の委員会が設立され，受賞者はしばしば競争を通じて決められた．そのような賞はのちに授与が行われなくなるか，または単に1回かぎりのものであった．この種の賞の一例としてスウェーデン国王オスカーⅡ世による賞があり，アンリ・ポアンカレに授与された．

パリの学士院賞はこれらに比べると堅実なものであり，たとえば，ボルダン賞は1888年にソフィア・コワレフスカヤに授与された．しかしながらそれも，19世紀から20世紀初頭に存在した他のすべての数学賞と同じく，世界規模またはヨーロッパ規模の重要性を持つものではなかった．

アルフレッド・ノーベルはノーベル賞を創設するにあたり，科学から数学を除外するという決定的な一撃を加えた*．

この種の賞の役割は，一般的な国際的認知と同様，個々の学者に大きな援助を与えることにある．フランツ・ノイマンは，「新たな真実の発見こそ最大の喜びなのであって，自分が認知されることなどほとんど何の足しにもならな

---

* これに関しては，とりわけこの事実を「説明した」と称する一般大衆向けの記事が，さまざまな推測を行っている．この馬鹿げたゴシップに関する決定的な分析がふたりのスウェーデン人数学者 L. ヘルマンダーと L. ガーディングによって与えられている [HG]．

い」と述べてはいるが，この考え方は部分的に正しいに過ぎない．ニールス・ボーアによれば，その逆の結論もまた真なのである．世間から認められることは，若い研究者にとってはとくに大切なことである．

国際的な賞の創設は 1924 年トロントで行われた国際数学会議で真剣に話し合われた．この会議は第 1 次世界大戦が終戦を迎えてから 2 度目の会議であり*，戦争によって生じた不和は，様々な国の数学者が集まったことですでに解消していた．国際的な賞の創設の問題が提起されたのは自然な成り行きであった．会議の議長であったフィールズがこの討論を取り仕切った．

しかしながら賞の創設は全く簡単ではなかった．世界は社会的大変動の時代に入っていたし，戦中の政治的諸相のため国際的協調を図ることは難しくなっていた．

フィールズの忍耐力が，すぐにとは行かなかったものの，結果的に実を結んだ．次のボローニャ会議（1928 年）では結論に到達しなかったが，その次のチューリッヒ会議が開かれる 1932 年までにはいくつかの数学者団体で基本

---

* 第 1 次世界大戦後最初の会議は 1920 年ストラスブールで開催された．ドイツやその同盟国であった国から代表が出席しなかったため，参加国や参加者の数という点では小規模の会議であった．トロント会議はより多数の国の代表を迎えたが，ワイマールドイツとその同盟国は再度招かれなかった．ソビエト連邦からの代表はこの会議に参加している．ソビエト数学者により提出された論文の中で著名なものは B. N. デローネの「空の球について」である．残念なことにデローネ自身は会議に出席せず，論文は J. V. ウスペンスキーによって代読された．

的な合意に到達した．1932 年の初頭，フィールズは新しい賞の憲章の詳細な特徴づけに関する覚書きを書いた．この覚書きは新しい賞を際立たせる基本的な性格を主張するものであった．

> 賞は可能なかぎり，純粋に国際的であり非個人的な性質を備えるべきであることをここで再び強調しておきたい．いかなる国・研究機関や人間の名前も，いかなる形であれ賞に結びつくべきではない．

ノーベル賞とは異なり，メダルにはフィールズの名前が付されていない．受賞者の名前と年が縁に刻み込まれているだけである．それにも関わらず，フィールズの名前は当然ながら賞とメダルの両方に結びついて記憶されることとなった．

1932 年のチューリッヒ会議では次の 1936 年のオスロ会議で最初のフィールズ賞を授与することを決定した．フィールズの覚書きは，賞はすでに得られている結果を認めるだけでなく，その後の研究を鼓舞するべきであることを述べている．最初のフィールズ賞委員会は，賞が比較的若い研究者に渡されるべきであるという意味に解釈した．

1936 年のオスロ会議では最初のフィールズ賞が授与された．金メダルと 1500 カナダドルの賞金が，プラトー問題の解決に対してマサチューセッツ工科大学のジェス・ダグラス（1897-1965）に，およびリーマン面の理論の研究に

対してヘルシンキ大学のラース・アールフォルス（1907-1996）に与えられた．アールフォルスとダグラスの業績については後で触れることにする．

これら最初のふたりの受賞者の選定は，賞の基準を設定するうえで極めて重要であった．すなわち，一種の年齢制限が確立されたのであって，これ以降の受賞者は全員 40 歳以下であった．そして，候補者を選ぶにあたり，難問の解決，および数学の応用分野を拡大する新しい理論や方法の創造，という二つの条件が考慮された．

国際数学連合の実行委員会により指名されたフィールズ賞の特別委員会は，候補者をレビューし勝者を決める．通常はフィールズ賞委員会の議長は国際数学連合の会長である．候補者の経歴は入念に調べられ，当然のことながら多数の第一線の数学者が意見を求められる．最終的な選考は通信を通した投票によって秘密裡に行われる．この作業を行う委員会は各会議が終わったあとに変更される．議長以外の委員の名前は次の会議で受賞者が発表されるまで秘密にされている．これらの手続きの方法は，選考の客観性を最大限に保証するために設計されたものである．

1936 年の最初のフィールズ賞委員会は第一線の数学者であるジョージ・D. バーコフ，コンスタンティン・カラテオドリ，エリー・カルタン，フランチェスコ・セヴェリ（議長），高木貞治から構成されていた．次の会議はアメリカ合衆国で開催することが予定されていたが，第 2 次世界大戦がその計画を覆してしまった．再編成された国際数学連

合の庇護のもと，アメリカ合衆国マサチューセッツ州ケンブリッジで 1950 年に会議が招集されるまで国際会議は開かれなかった．その会議はハーヴァード大学で開催された．

ソビエト数学者は 1936 年の会議を欠席した．ソビエトからのふたりの招待講演者であった A. O. ゲルフォントと A. Ya. ヒンチンは最後の瞬間になって出席できないことを組織委員会に連絡した．会議のプログラムから彼らの論文を除くことは開会式で発表された．この行動が後の会議における嘆かわしい伝統になっていく．

ソビエト数学者は 1950 年の会議に参加することを政府から許可されなかった．「根なしのコスモポリタン」に対する政策——すなわちソビエトの知的生活における進歩的なすべての風潮に対して闘争を行うようになった反ユダヤ的政策——が最高潮に達していた．「ルイセンコ主義（Лысенковщина）」* の高まりがサイバネティックスへの攻撃をもたらし，ロシアでの専門家や学派を完全に破壊してしまった．この時代の狭量さを物語る壮観な文書例として，ソ連科学アカデミーの院長であった S. I. ヴァヴィロフからの電報で，なぜソビエト数学者が会議の活動に参加するこ

---

* ロシア語の接尾辞 "-щина" は，その人名に付随する（通常は悪意のある）政治的キャンペーンを表すために用いられる．ルイセンコ主義はソビエト生物学の一つの汚点である．ルイセンコとその支持者たちはソビエト遺伝学派を根絶したことで悪名高い．ルイセンコの活動は J. スターリンや N. フルシチョフが支持したために危険であった．ソビエト科学界では「ルイセンコ主義」は科

とができないかを弁明するくだりがある．「ソビエト科学アカデミーはケンブリッジで開催されている国際数学会議にソビエトの学者を誠心より招待していただいたことに対して感謝申し上げる．ソビエト数学者は自分自身の日常業務に忙しく会議に参加することができない．次の会議が数理科学にとって重要な会議になることを願っている．会議の成功を祈る．（署名）ソビエト連邦科学アカデミー院長，S. I. ヴァヴィロフ」．そのようなわけで，フィールズ賞委員会の委員であった A. N. コルモゴロフは委員会の活動に参加することができなかったのである．

フィールズ賞委員会は 1950 年に 8 人に拡充されたが，実際には 7 人しか顔を合わせなかった．1986 年まで委員会は 8 人の委員により構成されていた．1990 年にこの伝統は破られ，委員が 9 人にさらに拡充されることになった．1994 年には委員会の編成にあたり，ある手続き面での変更が加えられた．国際数学連合の会長であるジャック＝ルイ・リオンの子であるピエール＝ルイ・リオンが候補者指名を受けたことによる倫理的配慮から，副議長のデイヴィッド・マンフォードが委員会の議長に昇格した．パリ・ドフィーヌ大学の教授であった V. I. アーノルドも学問的

学のどの領域であっても無視をしたり傲慢になることと同義になったのである．ルイセンコの生涯と彼の教説は K. O. ロシアノフの以下の論文で議論されている．K. O. Rossianov, "Joseph Stalin and the 'new' Soviet biology," *Isis*, Vol. **84**, 728-795. また，D. Joravsky, *The Lysenko Affair*, University of Chicago Press, [Jo] も参照されたい．

倫理を理由に委員会の仕事を断った．フィールズ賞委員会のメンバーについては，巻末のリストを参照されたい．

　賞は会議の開幕式で授与される．フィールズ賞委員会議長による紹介スピーチのあと，メダルが会議の名誉議長から手渡される．メダルを授与した人たちの中には1962年のストックホルム会議でのスウェーデン国王や，1966年のモスクワ会議でのソビエト科学アカデミー院長ムスティスラフ・フセヴェロドヴィッチ・ケルディシュといった人がいる．

　1986年，フィールズ賞が50周年を迎えたとき，最初のフィールズ賞受賞者であるアールフォルスが会議の名誉議長に指名された．彼は賞を最初に受賞したときの記憶を披露してくれた．新しい受賞者の名前は秘密にされているため，アールフォルスは自分が新しい賞の受賞者であることを開幕式の晩に知り，最終的に会議が始まる1時間前に正式に通知を受けたという．そのような秘密性が2番目の受賞者であるダグラスの場合，会議に出席しないという結果を招いてしまった．理由は長旅による疲労であった．もっと前に通知していればダグラスの元気はもう少し長持ちしたかもしれない．このときはノーバート・ウィーナーがマサチューセッツ工科大学を代表してダグラスのメダルを受け取っている．

　受賞者の業績に貢献した論文は，会議の学術的プログラムに先立って読み上げられる．そして受賞分野に応じて，権威がフィールズ賞受賞者の成果を概説する．カラテオド

リ（1936 年），ボーア（1950 年），ワイル（1954 年）はすべての受賞者の論文の梗概を発表したが，その後は別々の概説が各受賞者に割り当てられるようになった．

　もともとフィールズ賞は 2 人に授与されるものであったが，基金の増加と個人の寄付により 1966 年，1970 年，1978 年，1990 年には 4 人に，1983 年と 1986 年には 3 人に授与することができるようになった（巻末の受賞者リスト参照）．

　若手数学者を選出することは，数学が絶え間なく発展していくことを後押しするものである．フィールズ賞委員会は古い世代の突出した数学者の代表であり，だからこそ，若手数学者の創造性を評価することがなおさら興味深いものとなるのである．

第1部

1990 年まで

フィールズ賞受賞者の研究領域は数学のほぼすべての分野にわたっていて，現在までにその対象となっていないのは確率論だけである．受賞者の研究分野を詳細に解説しようとすると，現代数学の百科事典を編むのと同じことになってしまう．そのため本書では研究成果の概略を述べるにとどめ，手短に解説するのに適した事柄か，あるいは私自身の専門に近い事柄を紹介することにする．

　受賞者のリストを見ればわかるとおり，その半数以上は代数トポロジー・代数幾何・複素解析の研究者である．このことの意味はとても大きい．数学は20世紀において衰えることなく不断の発展を遂げてきたが，第2次世界大戦後に数学の様相が変わってきた中で上記の3分野が優勢を占めるようになったことは疑いの余地がない．これらの分野は，今や分かちがたいほど緊密に絡み合っている．多くの数学者の専門分野が突然変わった事実を考えると，個々の数学者の創造性のうえに境界線を引くことなど不可能に近い．

トポロジー

ジャン=ピエール・セール

1954年にセールはトポロジーの論文に関して第1回のフィールズ賞を受賞した．彼はH.カルタン，J.ルレイといった数学者を含むフランス・トポロジストの白眉のひとりである．セール以外の数学者たちは戦争や年齢制限といった理由でフィールズ賞を受賞できなかったにすぎない．カルタンの弟子であるセールは，特に球面のホモトピー群の計算というトポロジーの古典的問題に対して，ルレイの開発したスペクトル系列の方法を適用することにより基本的な貢献を行った．

セール以前のホモトピー論の歴史．この問題の解決に対するセールの貢献を評価するためにはそれまでの結果を知っておく必要がある．

1935年に，ウィトールド・フレヴィッチはn次元ホモトピー群を，n次元球面S^nから位相空間M^kへのホモトピック写像の同値類として定義した．この群の標準的な記法は$\pi_n(M^k)$である．フレヴィッチの定義は基本群$\pi_1(M^k)$の概念の自然なn次元への一般化である．1895年にH.ポアンカレは現代トポロジーの基礎を築いた古典的論文「位置解析」*において基本群（またはポアンカレ群とも呼ばれ

---

* 位置解析（analysis situs）とはトポロジーの古風な言い方である．

る）を導入した．

 1931 年，H. ホップは「3 次元球面から球面への写像について」という論文において，ホモトピー群の一般概念の出現に先立ち重要な事実を明らかにした．現代的な用語で言えば，彼は群 $\pi_3(S^2)$ が整数群 $\mathbb{Z}$ と同型であることを証明したのである．ホップの論文はトポロジーでは古典的であり，その結果やアイディアは長年にわたりトポロジーの発展を刺激し続けた．そこでの新しい概念の中に，ホップ不変量やホップ・バンドルの概念がある．

 1970 年代に入って，ディラック単極子がホップ・バンドルの観点から自然に解釈できることが明らかになった．面白いことに，P. ディラックの論文は 1931 年に出版されたが，それはホップの論文の数ヵ月後であった．それでもこれらの論文間の関連性に関しては，物理学と数学の 40 年にもわたる発展が必要であった．これは F. ダイソンの「失われた機会」で挙げられた価値ある例である［Dy］．ディラック単極子とホップ不変量との関連性については［Mo］を参照されたい．

 $n>k$ の場合のホモトピー群 $\pi_n(M^k)$ の非自明性は，$n>k$ で自明となるホモロジー群 $H_n(M^k)$ やコホモロジー群 $H^n(M^k)$ の性質とは際立って異なっている．現在ではホモロジー群とコホモロジー群を公理的に定義することが可能であるので，それらを計算する方法が保証されている．しかしながら，特定の多様体に対するホモロジー群やコホモロジー群の知識は，ホモトピー群の研究においてほとんど

役に立たない．フレヴィッチの同型定理は，与えられた多様体に対するホモトピー群とホモロジー群の間の直接的な関係を確立する唯一の定理である．

定理 1.1（フレヴィッチの定理） $0<i\leq k-1$ に対して $\pi_i=H_i=0$ が成立するとき，$\pi_k(M)=H_k(M)$ である．

特性類の理論の基礎を含む，ホモロジーやコホモロジーの理論の深い結果が第2次世界大戦中に得られたが，結果的にホモトピー群の計算にはほとんど役に立たないことがわかった．この領域での唯一得られた一般的な結果は H. フロイデンタールが証明した停止定理である．

定理 1.2（フロイデンタールの定理） $1\leq r<2n-1$ に対して群 $\pi_r(S^n)$ は群 $\pi_{r+1}(S^{n+1})$ と同型であり，群 $\pi_{2n-1}(S^n)$ は群 $\pi_{2n}(S^{n+1})$ の上に全射される．

フロイデンタールは写像

$$f : \pi_{2n-1}(S^n) \longrightarrow \pi_{2n}(S^{n+1}) \tag{1.1}$$

の核を部分的に記述することに成功した．特に彼は群 $\pi_4(S^3)$ が $\mathbb{Z}_2$ であることを示した．フロイデンタールの結果は重要である．フロイデンタール同型を用いることにより，群 $\pi_{r+k}(S^k)$ が $k>r+1$ なる k について互いに同型であるためパラメータ k に依存しないことが簡単に証明できる．したがって，$k=\infty$ とすることにより，いわゆる安定ホモトピー群 $\pi_r(S^\infty)$ を得る．しかしながら，たとえば

$\pi_5(S^3)$ のようなホモトピー群を計算するときですら,フロイデンタールの定理は使えなくなってしまう.したがって,ホモトピー群を計算するには相当の困難を伴う特殊なテクニックが必要になる.この問題を解決するために開発された方法の中には他の数学の問題にとっても大変興味深いものがある.

その中でまず最初に挙げるべきはポントリャーギンの枠付き多様体の理論である.1950 年にポントリャーギンは n 個の線形独立な法線ベクトルを許容する $\mathbb{R}^{n+k}$ の部分多様体 M^k を研究した.現代的な用語で言えば,この性質は法バンドルの自明化に相当する.$\mathbb{R}^{n+k}$ 自身は自明枠を持った $\mathbb{R}^{n+k}$ の n 枠付き部分多様体である.自明化の性質により,多様体 M^k は $M^k \times \mathbb{R}^n$ に微分同相なある管状近傍 N を許容する.

$g|_{\partial N} \longrightarrow \infty$ となる写像 $g: N \longrightarrow \mathbb{R}^k$ が存在することが証明される.$\mathbb{R}^{n+k}$ と $\mathbb{R}^n$ を S^{n+k} と S^n の内点と見なせば,臨界点 $s_0 \in S^n$ の原像が $f^{-1}(s_0) = M^k$ で与えられるように写像 g を $g: S^{n+k} \longrightarrow S^n$ に拡張することができる.

ポントリャーギンはホモトピー同値な写像 $f_1, f_2: S^{n+k} \longrightarrow S^k$ が枠付き多様体の部分多様体 $M^k \subset \mathbb{R}^{n+k}$ のある種の同値関係に対応するという重要な考察を行った.V. A. ロホリンにより「内在的ホモロジー」と呼ばれるこの同値性は以下のように集約される:ふたつの多様体 $M_1, M_2 \subset \mathbb{R}^{n+k}$ は以下の条件を満たすような枠付き多様体 $W^{k+1} \subset \mathbb{R}^{n+k}$ が存在するときに内在的ホモロジー同値であるとい

う：

(1) $M_1 \times \{0\}$ と $M_2 \times \{1\}$ は W^{k+1} と平面 $x_{n+k+1}=0$ および $x_{n+k+1}=1$ の交わりによりそれぞれ得られる．
(2) M_1^k と M_2^k の法バンドルは W の法バンドルと(1)の超平面のそれぞれの交わりである．

このアプローチにより，ポントリャーギンは群 $\pi_{n+1}(S^n)$ と $\pi_{n+2}(S^n)$ を計算した．ポントリャーギンの当時の同僚であったロホリンは，このテクニックを用いてより難しい問題である群 $\pi_{n+3}(S^n)$ の計算に挑戦し，結果を得た．しかし，それ以上の計算を行おうとするとさらなる障害が発生し，技術的に克服しがたくなってしまった．しかしながら，枠付き多様体の理論は 1954 年に前途有望な新理論であるコボルディズム理論の基礎となるのである．

セールの有限性定理． 球面のホモトピーの計算については，第一級の重要性を持った非常に幅広い結果がセール以前にも得られていたのだが，一般的定理および一般的定理へのアプローチがほとんど全く存在しなかった．そのような状況のもと，セールは『コント・ランデュ』誌の一連の報告，そしてより詳細には『数学年報』（1951 年）に掲載された彼の博士論文で，群 $\pi_i(S^n)$ の構造に関するいくつかの一般的定理を証明した．もっとも重要な定理の一つは次のように定式化される．

定理 1.3（セールの有限性定理） n が偶数のとき，群

$\pi_i(S^n)$ は，$\pi_{2n-1}(S^n)$ を除きすべての $i>n$ に対して有限群である．群 $\pi_{2n-1}(S^n)$ は $\mathbb{Z}$ と有限群の直和として表される．n が奇数のとき，群 $\pi_i(S^n)$ はすべての $i>n$ に対して有限群となる．

興味深いことに，セールは S^k のホモトピー群とある空間のホモロジー群およびコホモロジー群の間にある関係を発見し，それを用いて定理の証明を行った．その空間とは，球面自身ではなくループ空間と呼ばれる一種の随伴空間である．スペクトル理論は，このループ空間のホモロジーやコホモロジーを計算するときに応用された．このアプローチに沿って，セールは特定のホモトピー群の計算を進めたのである．彼は $\pi_{n+1}(S^n), \pi_{n+2}(S^n), \pi_{n+3}(S^n)$ を計算することによりポントリャーギン，J. H. C. ホワイトヘッド，ロホリンの結果を再確認し，さらに群 $\pi_{n+4}(S^n)$ まで計算した．他の方法で $\pi_{n+4}(S^n)$ を計算した数学者はそれまで誰一人としていなかった．

この一般的構成は，特に対称空間やリー群といった他の空間のホモトピー群の計算に応用されることにより，多大な成果を生み出すことになる．球面のホモトピー群の計算と古典リー群のホモトピー群の計算の間に関係性のあることは明白であった．よく知られているように，古典群は球面を底空間としたバンドルを生成する．たとえば，

$$U(m+1) \xrightarrow{U(m)} S^{2m+1}. \tag{1.2}$$

セールは古典リー群のホモトピー群の計算に関連したいくつもの難問を解決した．特に彼は，群 $\pi_p(G)$ の単位元成分が群 $\pi_i(S^j)$ の単位元成分の和になっていることを示すことにより，群 $\pi_p(G)$ の単位元成分を多数の重要な場合に記述することに成功した．

リー群のホモトピー群を計算する問題は球面に対するホモトピー群の計算よりも簡単であることが明らかになった．しかしながら，リー群の場合においてですら，群 $\pi_i(G)$ の構造に関する特定の問題が未解決のままであった．R.ボットはリー群の安定ホモトピー群の構造に関する注目すべき定理を証明した．この定理は安定群 $\pi_i(G)$ が $\pi_i(U(\infty))=\pi_{i+2}(U(\infty))$ のような周期性の性質を持つことを主張している．

ボットはモース理論を美しく用いることによってこの定理を証明している．周期性定理はその後現代トポロジーの中で基礎的な重要性を持つことになった．

複素空間その他． 1950 年代からのセールの業績はトポロジーに関するものであったが，すでに複素空間の理論が彼の興味の中心を占めるに至っていた．彼の興味は，複素多様体論の泰斗でありまた彼の指導教官でもあったカルタンの影響を受けて引き起こされたらしい．カルタンはこの分野を，すでに 1930 年代という早い時期に開拓していたが，クザン問題に関するカルタン－岡の定理が，解析層を係数に持つコホモロジーの観点から効果的に定式化できることが明らかになった．セールの一連の論文（部分的にカルタ

ンと共著の形をとっている）は解析層の理論を大きく前進させた．ルレイがもともと 1945 年に行った定義は，微妙な解析的性質に関連したいくつもの定義によって支えられていた．ルレイは戦後数学の様相を変えた二つの基本概念——層とスペクトル系列——の導入者として知られているが，彼がこれら主要な概念を，第 2 次世界大戦中ドイツの強制収容所にいるときに発展させていたことは驚異に値する．この時期については [Di1] に記載がある．特に，セールは正則関数の層を係数に持つ複素空間のコホモロジーを研究した．解析空間のある種のコホモロジー類の構造に関する定理は，諸文献で「小平 - セールの双対定理」の名が冠せられている．これらの結果はいずれも，代数トポロジーや代数幾何の次世代の発展にとって本質的な重要性を持つものであった．セールは後年代数幾何や代数的整数論に転向し，p 進群の表現，モジュラー関数等々の理論で重要な結果を残している．さらに，彼は優れたモノグラフや教科書をものしている [S2, S3]．1986 年にシュプリンガー・フェアラーク社は 3 巻のセール全集を出版し，そこで彼の仕事の全貌を知ることができる [S1]．

ルネ・トム

コボルディズム理論． 1958 年のフィールズ賞受賞者のひとりとして，セールと同じフランス・トポロジスト学派を代表するトムがいる．トムはコボルディズム理論を構成した．この理論のひとつの問題は非常に簡単に述べることが

できる．「与えられたコンパクト多様体 M^n が多様体 W^{n+1} の境界となるための必要十分条件を求めよ」．シュティーフェル-ホイットニー数がゼロに等しいという必要条件はポントリャーギンによって早くから発見されていた．トムはこの条件が十分条件でもあるという，より難しい部分を証明した．

　トムのコボルディズム理論はソビエトの数学者ポントリャーギンとロホリンの仕事を引き継いだものであり，難しいトポロジーの問題を解決する優れた論文を多数生み出した．後年のフィールズ賞受賞者たちがトムの論文のアイディアをさらに発展させることになる．

　コボルディズム理論を展開するにあたり，トムは現代トポロジストの基本用語となる新しいトポロジーの概念を導入した．それらのアイディアの一つとしてトム空間があるが，それは特性類の現代理論の鍵となるべき概念である．トム空間はユークリッド計量が付与された k 次元平面のバンドルに対して定義される．ξ を多様体 B 上のベクトルバンドルとし，E をバンドル空間，A を $|v|\leq 1$ となるベクトル v からなる $E(\xi)$ の部分集合としよう．A を1点に縮約することにより，トム空間 $T(\xi)$ と呼ばれる商空間 $E(\xi)/A$ が得られる．トム空間 $T(\xi)$ は空間 $E(\xi)$ の1点コンパクト化と同一視することができる．

　トム空間 $T(\xi)$ に関連した注目すべき応用例として，$T(\xi)$ のホモトピー群とベクトルバンドルの底空間である多様体 B のホモロジー群の関係を述べた定理がある．

定理 2.1（トムの定理） k をバンドル空間 E の次元とするとき，すべての $n<k-1$ に対して，ホモトピー群 $\pi_{n+k}(T(\xi))$ は $H_n(B,\mathbb{Z})$ に同型になる．

この定理とその一般化は，基本対象が多様体のコボルディズムの群であるコボルディズム理論において計算の基礎となるべきものである．トムは，コボルディズム群 Ω と呼ばれるコボルディズム多様体のクラスの上で定義される群の概念を導入するための必要条件が，コボルディズム条件と同値であることを注意している．群の作用は多様体の離散和として定義される．n 次元多様体の群は通常 Ω_n と表記される．群 $\Omega=\Omega_0+\Omega_1+\cdots+\Omega_n+\cdots$ を考えることも自然であり，m 次元多様体と n 次元多様体 2 つの多様体の直積 $M^n \times N^n$ を考えることにより Ω 上の別の作用 $\Omega_n \times \Omega_m \longrightarrow \Omega_{m+n}$ を定義することができる．したがって，Ω は群環となる．いくつかの重要なトポロジーの問題は，群環 Ω の構造の観点から述べることができる．トムの先駆者であるポントリャーギンとロホリンは群 Ω_i の構造についてのいくつかの結果を得ていたが，そのような一般的な定式化の中で得たわけではなかった．特に，ロホリンは群 Ω_3 が自明である，すなわちどの向き付けられた 3 次元多様体も 4 次元多様体の境界であることを証明した．トムは彼が発見した $T(\xi)$ のホモトピー群と Ω_n の間の関係を用いて群 Ω_n を記述した．コボルディズム理論はその後，複素多様体，スピン多様体その他の幾何構造が多様体に付与

された場合の群 Ω_n の研究と関連して展開していく．これらの群を計算するためには，厄介なトポロジーの問題を解決する必要がある．

トムは応用範囲の広い重要なアイディアを多数考えたが，中にはかなり後年になってから応用が発見されたものもある．たとえば，複素空間のトポロジーの研究にモース理論を用いるトムのアイディアは，特異点を持つ多様体のコホモロジーを解析する中で M. ゴレスキーと R. マクファーソンがごく最近になって用いることとなった．

カタストロフィー理論． もちろん，トムの主要な業績の中には彼の特異点の理論に関する論文があるが，それはカタストロフィー理論という独立した分野の発展を導いた．カタストロフィー理論とは，俗っぽい言葉で言えば，関数の大域的振る舞いをその特異点の性質から研究する理論である．この理論はモース理論，特異点のホイットニー理論等の上に成り立っていて，統一された概念的枠組みの中で数学の異なる分野の多数の優雅な結果を統合するものである．基本定理の証明や，(それに劣らず重要な) 問題の定式化はどちらもトムによるものであり，いくつかの解は根本的に重要である．その点について，中心的なアイディアを紹介しよう．

(1) 点 $x_0 \in \mathbb{R}^m$ で構造安定的な写像 $f: \mathbb{R}^m \longrightarrow \mathbb{R}^n$ が与えられたとき，そのような写像はどのような標準型を持つか．

(2) 構造安定的な写像 $R^m \longrightarrow R^n$ を記述せよ.

これら2つの問題はどちらも安定性,写像のクラスといった概念の正確な定式化を必要とするため,細部には立ち入れない.読者は文献に当たられたい.数学的に最も厳密な解説を与えているのは［AGV］である.ここでは,問題(1),(2)に関連したトムの重要な結果を二つ紹介しよう.

最初の結果は $n<6$ に対する安定写像 $R^n \longrightarrow R^n$ の分類である.この場合すべての標準型を書き出すことができる.高次元になると状況は複雑になるが,トムは $n \geq 9$ の場合に安定写像はすべての滑らかな(微分可能な)写像 $R^n \longrightarrow R^n$ のクラスの中で稠密な集合を構成しないことを証明した.写像 f の連続不変量(モジュライ)が存在するから,滑らかな写像のクラスにおいて安定写像の実質的な分類は存在しない.しかしながら,位相同値な写像に対しては,そのような分類は可能である.

もうひとつの結果は「すべての写像の空間から無限次元の余次元空間を除いたとき,滑らかな写像 $f: R^m \longrightarrow R^n$ の写像の芽に関する位相的分類が存在する」というものである.トムはこの結果を1964年に述べたが,その完全な証明は V. I. アーノルドの弟子である A. N. ヴァルチェンコによってごく最近になって与えられた.

全く離れた分野間に多数の関連性が見出されるのは,一見不思議な偶然にも思えるが,この事実は特異点の理論の観点から説明することができるようになった.たとえば,

関数の退化した臨界点の分類は半単純リー環のディンキン図形によって決定されることが明らかになった.

現在,多数の一流数学者たちが特異点理論で生産的な仕事をしており,E. C. ジーマン,およびウォーリックにいる彼の弟子たちのほか,アーノルドによって創設されたモスクワ学派がその一例である.カタストロフィー理論は純粋数学や物理学をも超えて,経済学や社会学といった広範な領域においてそのアイディアが応用されている.フェルマーの最終定理に次いで,カタストロフィー理論は一般の人々に最もよく知られている数学現象になった.トム自身も彼の理論のアイディアに導かれて生物系や言語学の研究に至っており,『構造安定性と形態形成』(1972年,[Th])は専門家の間で多大な興味を喚起し,いくつもの言語に翻訳されている.

ジョン・ミルナー

ミルナーは多様体のコボルディズム群の計算において重要な結果を出し,1962年にフィールズ賞を受賞した.特に,彼はトムが未解決問題として残していた $n \geqq 8$ に対するコボルディズム群 Ω_n のねじれ部分群 Γ_k の位数に関する問題を解決した.ミルナーおよび(彼とは独立に)モスクワの数学者 B. G. アヴェルブフは,部分群 Γ_k には奇数位数を持つ元が存在しないことを証明した.この結果を得るためには,スティーンロッド作用素とアダムスのスペクトル系列という強力なトポロジーのテクニックが必要とな

る．C. T. C. ウォールは後年，ミルナーとアヴェルブフの結果を用いることにより群 Ω_n を完全に記述した．もう一つ，ミルナーがコボルディズム理論において得た結果としてユニタリ・コボルディズム群の計算がある（ミルナーとは独立に S. P. ノヴィコフも同じ結果を得ている）．ユニタリ・コボルディズム群とはユニタリな構造群を持つコボルディズム多様体の群環のことであり，このクラスは複素コボルディズムを定義し，概複素構造を持つ多様体に対応する．

エキゾチック球面と微分トポロジー． しかしながら，ミルナーのもっとも優れた業績は，7次元球面に異なる微分構造が存在するという定理を 1956 年に証明したことであった．あらゆる数学者の想像力を掻き立てるこの発見は，「微分トポロジー」という新しいトポロジーの研究分野の創設につながった．

ミルナーの原証明は多様体の微分構造の不変量を用いる．コホモロジー類が $H^3(M^7, \mathbb{Z}) = H^4(M^7, \mathbb{Z}) = 0$ となる単連結コンパクト多様体 M^7 を考えよう．ミルナー不変量 $\lambda(M^7)$ は次のようにして構成される．$\Omega_7 = 0$ というトムの結果を用いることにより，M^7 をその境界として持つような多様体 W^8 を選ぶことができるが，その多様体 W^8 上で第 1 ポントリャーギン類 p_1 と符号 $\sigma(W^8) \in H^4(W^8, \mathbb{Z})$ という二つの位相不変量を定義する．ミルナー不変量 λ はこれらの不変量 p_1 と σ の関数として与えることができる．

ミルナーは λ が多様体 W^8 のコボルディズムクラスの

選択だけに依存し，W^8自身には依存しないことをまず考察した．符号$\sigma(W^8)$に関してF. ヒルツェブルフの得ていた計算結果を用いて，ミルナーはλに対する以下の表現を得た．

$$\lambda = 45\sigma + p_1^2\langle W^8\rangle = 7p_2\langle W^8\rangle \qquad (3.1)$$

ここでp_2は第2ポントリャーギン類で$\langle W^8\rangle$はW^8の基本ホモロジー群である．残されたことは$M_1^7 = \partial \widetilde{W}^8$となるような多様体$M_1^7$を構成することであった．多様体$\widetilde{W}^8$は境界が球面$S^3$である球$B^4$をファイバーに持つ球面$S^4$上のファイバーバンドルである．したがって多様体$M_1^7$は$S^4$上3次元球面をファイバーに持つファイバーバンドルをなす．符号$\sigma(\widetilde{W}^8)$と第1ポントリャーギン類$p_1(\widetilde{W}^8)$はすでに計算されている．$\lambda(M_1^7)$は

$$\lambda(M_1^7) = \lambda(\widetilde{W}^8) = 45 + p_1^2 + 7p_2 \qquad (3.2)$$

である．

円板バンドル$\widetilde{W}^8$に対しては$p_1 = k$であることが知られている．ここでkは4を法として2と合同な整数である．(3.1)より$p_2 = (45 + k^2)/7$であるが，$k \neq \pm 2 \pmod 7$なら数p_2は整数ではなくなってしまう．滑らかな多様体のポントリャーギン類は整数であるので，多様体M_1^7は標準球面S^7に位相同型である．よってミルナーの結果を得る．

ミルナーとスイスの数学者M. ケルヴェールは，S^7上のすべての異なる微分構造を記述することに成功した．彼ら

は微分構造の集合 $\theta(S^7)=\theta_7$ 上に，θ_7 がアーベル群になるような群作用を導入することができることを証明した．群 θ_7 は位数 28 の有限巡回群 $\mathbb{Z}_{28}$ である．

異なる微分構造を持つ多様体は球面 S^7 だけではない．ミルナーとケルヴェールは $n>7$ なら群 $\theta(S^n)$ が有限であることを証明し，たとえば $|\theta(S^{11})|=992$ のようにある場合についてその位数を計算した．ごく最近になって，超重力の薄膜理論において可微分構造が S^{11} 上多数存在することが研究されている．そこでは多様体 S^{11} が時空間の連続体の付加自由度をコンパクト化する際に登場する．

多様体上の可微分構造の研究はこれまで多方面に発展し，ケルヴェールは可微分構造を全く入れることのできない 10 次元多様体の例を構成した [Ke]．

ミルナーは 1956 年に，7 次元球面に 28 個の異なる可微分構造が存在することを証明したが，これは決して病的な結果ではない．その後すぐにドイツの数学者 E. ブリースコーンが，S^7 上で以下の方程式系を定義することにより 28 個の異なる可微分構造を実現させた．

$$z_0^3+z_1^{6k-1}+z_2^2+z_3^3+z_4^2=0 \quad (k=1,\cdots,28), \\ |z_0|^2+|z_1|^2+|z_2|^2+|z_3|^2+|z_4|^2=1 \tag{3.3}$$

ここで，$z_0, z_1, \cdots, z_4$ は任意の複素数である．

それから 25 年後，S. ドナルドソンはコンパクト単連結 4 次元多様体上に異なる可微分構造が存在することを証明した．この目覚ましい業績によって，彼は 1986 年のフィ

ールズ賞を受賞した．

有理写像その他． ミルナーは離散群，代数群，および K 理論でも重要な貢献を行った多才な数学者であり，近年は複素領域の有理写像に関連したトピックを研究している．この学問領域は 20 世紀初頭に P. ファトゥー，G. ジュリア，P. モンテルといったフランスの数学者たちによって創始された分野で，現在急速に発展している．目下のところ，エルゴード理論，擬共形変換，離散群，フラクタルといった分野との重要な結果が思いがけず発見されつつある．

モース理論，特性類やコボルディズム理論に関するミルナーの名著［Mi1, Mi2］は，数学の互いに込み入った分野を比類ない明瞭さで解説している．

ミルナーの後には 3 人のトポロジストがフィールズ賞を受賞している．M. F. アティヤー，S. スメール，そして S. P. ノヴィコフである．

マイケル・フランシス・アティヤー

指数定理． 1966 年のフィールズ賞受賞者であるアティヤーは，代数トポロジーや複素解析の複数の分野で重要な結果を残している数学者である．最初の著作である代数曲面に関する業績により，彼は第一級の数学者であると認められたが，彼の主要な結果はアメリカの数学者 I. シンガーと共同で 1963 年に証明した指数定理である．

任意のコンパクト複素多様体 M^n の楕円型作用素に対す

る指数定理は次のように述べることができる．D を M^n 上の楕円型微分作用素としよう．作用素 D の核（$\ker D$）は有限次元ベクトル空間をなすことが知られている．同様に，D^* を随伴作用素として，$\operatorname{coker} D = \ker D^*$ と定義することにより余核の概念を導入することができる．核空間と余核空間の次元の差 $\dim(\ker D - \ker D^*)$ は指数（$\operatorname{ind}(D)$）と呼ばれ，多様体 M^n の連続的変形によって変化しないことがわかる，すなわち，指数は位相不変量である．I. M. ゲルファントは $\operatorname{ind}(D)$ が多様体 M^n の特性類によって記述されることを予想し，アティヤーとシンガーはそのような記述が可能であることを証明した．

指数定理は長い歴史を持つ．そして指数定理は多様体の位相的性質を微分幾何的性質に結びつける多数の古典的結果を包含している．たとえば，指数定理の最も単純なケースはポアンカレによる定理であり，それは曲面のベクトル場の指数の和はオイラー標数により記述できることを主張する．ここでは作用素 D は $\partial/\partial \bar{z}$ である．この定理は漸次一般化されていった．まず，指数定理は多様体のクラスが境界を持つ多様体，つまり開多様体といったような多様体のクラスに広げられた．次に，作用素のクラスが広げられた．本質的にはより広いクラスの作用素である擬微分作用素が原証明では用いられている．擬微分作用素の理論はそれより前に展開されていたが，1962 年のフィールズ賞受賞者であるラース・ヘルマンダーが擬微分作用素の一般論の構築に主要な貢献を行っている．

指数定理は複素代数多様体の理論にも応用されている．その特別な場合がリーマン‐ロッホ‐ヒルツェブルフの定理である．この研究をしている間，アティヤーとシンガーはスメールからゲルファントの予想を学んだ．アティヤーによるその他の関連事項については『マセマティカル・インテリジェンサー』誌に収録されている彼のインタビュー[At]を参照されたい．

アティヤー‐シンガーの定理の原証明は複雑であり，アティヤーやヒルツェブルフにより基礎的結果が得られた位相的 K 理論からコボルディズム理論，擬微分作用素の理論，ソボレフ空間，関数解析の微妙な定理に至るまで幅広い数学の分野を用いている．

アティヤー‐シンガーの1963年の論文のすぐ後に指数定理をテーマとした数年にわたるセミナーやワークショップが開かれたが，その講義録に原証明の難解な点の考え方が示されている．この定理は，今日においてさえその重要性を失っていない．近年，物理学で興味深い応用が発見されている．場の理論における量子異常やゲージ理論におけるインスタントン空間の次元の計算は依然懸案である．ディラック作用素やその類似の指数もまたこれらの理論を用いて計算されている．

物理学への指数定理の適用は証明それ自身の簡略化に役立った．最初の証明が世に出てから，その証明を簡略化しようとするいくつかの試みがなされた．大きな簡略化と透明化が原著者たち[At]およびアティヤー‐ボット‐V. K.

パトディ［At］によってなされたが，これらはそれぞれ複雑な部分を取り除いてはいるものの，同じ知識体系に依存している．

物理学者の E. ウィッテンは新しいアプローチで指数定理の証明を行った．彼はもともと，モースの不等式やレフシェッツの公式を証明するために 1970 年代に始まる超対称性の概念を応用していた．指数定理の概念的枠組みからこのアプローチが定理そのものにも応用できることが明らかになった．物理学者の L. アルヴェレス＝ゴーメ［AG］がこの結果を証明した．以下に，アルヴェレス＝ゴーメの証明の主要なアイディアを簡潔に述べてみよう．1 次元の量子力学的超対称性のある系を選択する．場の理論のユークリッド的定式化では，これはハミルトニアン H と交換関係

$$\{Q^i, Q^{j*}\} = 2\delta^{ij}H, \quad \{Q^i, Q^j\} = \{Q^{i*}, Q^{j*}\} = 0 \quad (4.1)$$

の系を満たす超電荷作用素（超対称的電荷）Q^i を持つ $(0+1)$ 次元の空間における系になる．ここで $\{Q^i, Q^j\} = Q_iQ_j + Q_jQ_i$ は反交換子である．

$(0+1)$ 次元の場の理論では，座標のひとつは時間として解釈され，通常のスピンの概念は存在しない．したがって，ボゾン状態をフェルミオン状態に写像する作用素をどのようにして定義したらよいかは明らかではない．E. ウィッテン［Wi1］はフェルミオン作用素 $(-1)^F = \exp(2\pi J_z)$ を導入し，ボゾンをフェルミオンに写す写像を構成するこ

とに成功した．ここで J_z は状態のヒルベルト空間で定義された射影作用素である．ここで作用素 $S = \frac{Q + Q^*}{2}$ を導入しよう．式(4.1)から

$$S^2 = H \tag{4.2}$$

が従う．ウィッテンの考察によると，非零のエネルギーを持つハミルトニアンの固有状態は作用素 S により他の非零のエネルギーの状態に移るが，これらの状態は反対のフェルミ数 $|E\rangle$ を持つ．したがって，非零のエネルギーを持つすべての状態は各エネルギーレベルに対する超対称性の2次元表現を生成するフェルミ–ボーズ対の形となって現れる．ゼロ・エネルギーに対してはもはやこれは成立しない．したがって，ゼロ・エネルギーを持つボゾン状態の数 $n_B^{E=0}$ はゼロ・エネルギーを持つフェルミ状態の数 $n_F^{E=0}$ と等しくならない．ウィッテンは差 $n_B^{E=0} - n_F^{E=0} = W$ が $\mathrm{Tr}(-1)^F$ であることを示した．より正確には，差は正規化されたトレースに等しくなる：

$$\mathrm{Tr}(-1)^F e^{-\beta H} = n_B^{E=0} - n_F^{E=0}. \tag{4.3}$$

上記方程式(4.3)が状態のヒルベルト空間に対する作用素 Q の指数を定めることを理解するためにはもう少し作業が必要である．状態のヒルベルト空間がボゾン状態とフェルミオン状態に分解されるとき，条件 $Q|\Psi\rangle = 0$ がこの分解を定義する．したがって，作用素 Q の指数を $\mathrm{ind}(Q) = \dim(\ker Q - \ker Q^*)$ として定義することができて，ウィ

ッテンが示したように

$$\text{Tr}(-1)^F e^{-\beta H} = \dim(\ker Q - \ker Q^*) \quad (4.4)$$

が成り立つ．すると，作用素 Q の指数は過去の文献でもよく研究されている汎関数積分のテクニックを用いることにより計算することができる．摂動論を使って，以下の積分を計算する．

$$\text{Tr}(-1)^F e^{-\beta H} = \int d\varphi(t) d\psi(t) \exp(-S_E(\varphi, \psi)). \quad (4.5)$$

ここで $S_E(\varphi, \psi)$ はユークリッド的作用である．次に $\text{Tr}(-1)^F e^{-\beta H}$ を β の級数に展開する．すると，(4.5)式の最初の項が β とは独立した数になるが，それが作用素 Q の指数を与える．

任意の楕円型作用素 Q の指数を計算する場合は，次のようにすればよい．超電荷 Q を持つ適当な1次元超対称量子力学的モデルを構成する．このモデルに対して作用素 Q が作用するような状態のヒルベルト空間を決定する．作用素 Q の指数がモデルのウィッテン指数と一致する．

アルヴェレス＝ゴーメ[AG]はそのような古典的作用素に対するオイラー標数，ヒルツェブルフの符号やコンパクト多様体上のディラック作用素の指数といったような指数を求めるためには，以下のラグランジアン L_F により定義される M^n 上の初等 σ モデル*の超対称拡大を考えれば十

---
* 近年物理学であまりにも有名になった σ モデルは調和写像以外のなにものでもない．その数理の研究は F. フラー，J. エルズ，J.

分であることを示した.

$$L_F = \frac{1}{2} g_{ij}(\varphi) \dot{\varphi}^i \dot{\varphi}^j,$$
$$L_{\sup} = \frac{i}{2} g_{ij}(\varphi) \bar{\Psi}^i \gamma^0 D_t \Psi^j + R_{ijkl} \bar{\Psi}^i \Psi^k \bar{\Psi}^j \Psi^l. \quad (4.6)$$

ここで,

$$D_t \Psi^i = \frac{d\Psi^i}{dt} + \Gamma^i_{jk} \dot{\varphi}^j \Psi^k, \quad \bar{\Psi}^i_\alpha = \Psi^i_\beta \gamma^0_{\beta\alpha}, \quad \alpha, \beta = 1,2 \quad (4.7)$$

であり, $\gamma^0 = \sigma_2$ (パウリ行列), $\Psi^i = \begin{pmatrix} \Psi^i_1 \\ \Psi^i_2 \end{pmatrix}$ は2成分実スピノールである. 全ラグランジアンは $L = L_F + L_{\sup}$ である.

　ここで指数定理のトピックに深入りしたのは, 基礎的な数学的結果が現代物理学のアイディアによって新鮮な眼で捉えなおされる様子を例示したかったからである. 新旧を問わず物理学的アイディアと数学的アイディアを織成すことにより比類ない強い印象が生成されるのである.

　アティヤーとシンガーの結果により, 大域解析という数学の新しい領域が創出された. アティヤーの的を射た指摘によれば, トポロジストは複雑な多様体上で単純な作用素を研究してきた一方で, 解析学者は単純な空間で複雑な作

サンプソンその他により1950年代後半および1960年代前半に開始された. しかしながら, σ モデルの超対称性, 量子 σ モデルといった物理学的アイディアの影響により, 近年調和写像論への興味が増幅されている. この尊敬すべき控えめな数学の領域は1970年代の数学界の興味の的から外れていた.

用素を研究してきた．いま，複雑な空間の上で複雑な作用を研究するときが到来したのである．

アティヤー - シンガーの指数定理は数学や物理学の異なる分野で多数の応用を持ち，定理自体の長い生命力が間違いなく保証されるだろう．近年，純粋数学との関連を壊すことなくアティヤーは現代物理数学の研究に従事しており，ここでも彼は突出した結果を残している．ここでは，V. G. ドリンフェルト，N. ヒッチン，Yu. I. マニンとの共著であるインスタントンの分類に関する論文 [ADHM] と，2 次元インスタントン上のループ空間に実現した 4 次元インスタントンの表現に関する論文 [At1] を挙げれば十分であろう．彼の友人であり共著者であるボットやシンガーとともに，彼はリーマン面上のヤン - ミルズ理論を展開している．

アティヤーは数学と数理物理の現代的問題について，多数の概説や有名な著作を書いているほか，教師としても優れている．したがってアティヤーの弟子であるドナルドソンが場の理論と代数トポロジーを使って 4 次元トポロジーという注目すべき発見を行ったのも驚くに値しない．オックスフォード大学出版が 1985 年までのアティヤーの 5 巻本の全集（二つ折り版）を出版した [At2]*．しかし，衰えを見せない彼の研究が毎年，新しくしかも本質的な論文を生み出しているので，全集ではもはやアティヤーの業績の

---

* [訳注] 2004 年に第 6 巻が刊行された．

全貌を知ることは難しい.

スティーヴン・スメール

トポロジーに関する受賞者の論文の理解を深めるため, 1966 年のフィールズ賞受賞者であるスメールの業績を見ることにしよう. トポロジーと力学系の理論における著しい結果のうち, トポロジーのほうから始めることにする.

高次元ポアンカレ予想の解決. ポアンカレ予想はトポロジーでは最難関の問題のひとつである. 現代的な言葉でその予想は次のように定式化することができる.

定理 5.1（ポアンカレ予想） 球面 S^n と同じホモロジー群を持つ滑らかな閉単連結多様体 M^n は S^n と位相同型である.

ポアンカレはこの予想を 3 次元の世界で述べたが, n 次元の場合への自然な一般化は「一般化されたポアンカレ予想」と呼ばれている. ポアンカレは M^n は S^n と微分同相であるというより強い主張が成立すると信じていたが, ミルナーのエキゾチック球面の反例が示すように, 予想はそのままの形では成り立たない. スメールは h コボルディズムに関するより一般的な定理を証明し, そこからポアンカレ予想が $n \geq 5$ の場合に成り立つことを証明した. 5 次元と 6 次元においては強いポアンカレ予想が成立する, すなわち M^n は S^n に微分同相である.

h コボルディズムに関するスメールの定理は以下のよう

に述べることができる．V, V' および W を多様体の三つ組とし，V と V' は W の変形レトラクトとしてそれぞれ W の境界であると仮定する．次の定理が h コボルディズムを定める．

定理 5.2（スメールの定理） W の多様体の次元が 6 以上のとき，V と V' が単連結であるなら $W \sim V \times [0, 1]$ であり，したがって V は V' に微分同相である．

モースの手術理論を上手に用いるスメールの証明は，ミルナーの著作でエレガントに記述されている［Mi2］．

高次元多様体に対するポアンカレ予想の証明が 3 次元や 4 次元多様体の場合より近づきやすいというのは，一見すると矛盾しているように見えるかもしれない．その理由は，曲面から 5 次元以下の多様体への写像が埋め込み写像によって近似できないことによる．この状況は多様体の分類問題と似通っている．

1986 年のフィールズ賞受賞者である M. フリードマンとドナルドソンは 4 次元トポロジーの世界で近年著しい進展を行った（73〜78 ページ参照）．

トポロジーにおけるスメールの業績をすべて紹介することはできないので，ここでは不思議な幾何学的解釈を持つ美しい結果をひとつだけ述べることにしよう．1959 年にスメールは S^2 から $\mathbb{R}^3$ へのどの二つの沈め込み写像も互いに正則ホモトピックであることを証明した．この定理のひとつの系として，球面は $\mathbb{R}^3$ の中でひっくり返すことが

できるというものがある．この結果とその一般化は近年球面の微分同相写像の群の研究との関連で注目を集めている．

構造安定的な力学系． スメールは，深いトポロジーの基礎に根ざした力学系の論文も著している．力学系の理論でトポロジーを応用することは長い間の懸案となっている．スメールの先駆者である G. バーコフは，ホモクリニックな軌道*の近傍における 3 次元力学系の振る舞いを詳細に研究した．ポアンカレは天文力学の制限三体問題に関する有名な研究の過程でホモクリニックな軌道を発見した．1920 年代と 1930 年代にバーコフは複雑な系の相空間を持つ力学系を研究した．専門的な研究がその後長期にわたり続いたが，スメールは力学系の理論の興味を再生させ多次元の理論を構築した功績者である．その分野は過去 30 年間で最も実りの多い数学の分野のひとつになった．多次元力学系の理論で重要な概念のひとつにいわゆる構造安定的な力学系というものがある．このクラスの力学系についてスメールは本質的な理論を構成した．1937 年に A. A. アンドロノフとポントリャーギンは力学系の構造安定性の概念を正確に述べたが，彼らは 2 次元の場合（すなわち平面の場合）しか研究をしていなかった．

微分方程式系の安定性の概念は以下のように述べることができる．x を n 次元ベクトルとして，

---

* ［訳注］「ホモクリニックな軌道」とは，鞍点から出て同じ鞍点に戻ってくる軌道のことをいう．

$$\dot{x} = f(x) \tag{5.1}$$

の形の方程式系は軌道の位相的タイプが左辺の微小摂動のもとで保存されるときに構造安定的であるという．構造安定性の正確な定式化はいくつかの概念の導入が必要となる（たとえば［Sm1］を参照のこと）．2次元の場合，構造安定的なアンドロノフ-ポントリャーギン系は次の性質を持つ：

(1) すべての平衡点および極限円は双曲型*である．
(2) サドルコネクション**は存在しない．

スメールは多次元の場合，状況が劇的に変わってしまうことを示した．彼は無限個の特異点，極限円その他を持つ構造安定的な力学系を構成した．スメールの著作［Sm2］ではこの発見に関連して興味深い詳細が述べられている．彼は（たとえば $\lambda_1 = \frac{1}{\lambda_2}$, $\lambda_2 > 1$ となる実数 λ_1, λ_2 を固有値に持つ変換により生成される2次元トーラスの自己同型群のような）離散的な自己同型群からも構造安定的な力学系が生じることを示した．スメールは負の曲率を持つ多様体の測地線の流れが構造安定的であることを予想したが，こ

---

* ［訳注］$f(x_0)=0$ となる点 x_0 で力学系が「双曲型」であるとは，x_0 における f の線形近似の固有値がいずれも純虚数でないことをいう．
** ［訳注］鞍点が同じもしくは他の鞍点に移されることを「サドルコネクション」という．

の予想は後年 D. V. アノゾフにより証明され，指数的に不安定な軌跡の重要なクラス（$\mathcal{Y}$ 系またはアノゾフ系）の特定に至った．

現在，多次元力学系は散乱理論や流体力学で物理的応用を見出し，ストレンジ・アトラクタやファイゲンバウム普遍性といった有名な発見により数学的に豊かな分野に成長している．

結びにあたり，歴史的性格について一言述べておこう．ストレンジ・アトラクタの最初の例は明らかにローレンツ・アトラクタである．1963 年に E. ローレンツは大気の対流を 3 変数で記述する方程式系（ローレンツ方程式）について研究を行った．この系は以下の方程式系で与えられ，大気の運動を記述に関してよい近似を与えることで知られている．

$$\begin{aligned}\dot{x} &= ax+by, \\ \dot{y} &= xy+bx-y, \\ \dot{z} &= xy-cz.\end{aligned} \quad (5.2)$$

ここで a, b, c は定数である．スメール型の軌道のように振舞う不変集合がこの系に対して発見された．イギリスの数学者 M. カートライトと J. リトルウッドは 1945 年に

$$\ddot{x}-k(1-x^2)\dot{x}+x = b\mu k\cos(\mu t+\alpha) \quad (5.3)$$

の形のファン・デル・ポール方程式の摂動の研究を行ったが，注目すべき論文（ただし非常に難解である）の中で，

彼らはパラメータ b がある領域内に存在する場合に軌道がスメール型の振舞いをする（無限個の周期解を持つこと，不安定な軌道が存在すること等）を述べている．

　もちろん，カートライトもリトルウッドも力学系の理論の実りある発展を予見することはできなかった．彼らは通常の学問領域から戦時によりふさわしい分野に移行してしまった．微分方程式の専門家であったカートライトにとってはこの移行は自然であった．しかしリトルウッドは，彼の愛した整数論すらもかたわらに置き，彼の特徴である解析的聡明さをもって難解な応用数学の問題の解に取り組んだのである．結局，ファン・デル・ポール方程式は電波工学で登場する．リトルウッドは 1957 年にファン・デル・ポール方程式に立ち帰り，それに関する 2 本の長い論文をものしている．彼が真剣にこの問題に興味を持っていたことは明らかである．

セルゲイ・ペトロヴィッチ・ノヴィコフ

　葉層理論．1970 年にノヴィコフはフィールズ賞を受賞した．彼はトポロジー全般にわたり第一級の結果を残してきた．ここではまず，力学系とトポロジーがぶつかり合う分野である葉層理論におけるユニークな業績から説明を始めよう．葉層理論は次の意味で常微分方程式の多次元への一般化とみなすことができる．軌跡のかわりとして，葉層理論は微分形式により定義される超平面の分布を考察する．最も単純な葉層は余次元 1 の葉層のクラス（または n 次元

多様体の $n-1$ 次元超平面のクラス）である．微分トポロジーと微分方程式が絡み合う領域である葉層理論は比較的新しい数学の分野で，S^3 内の非自明な葉層を構成した C. エーレスマンと G. レーブの 1940 年代の論文を嚆矢とする．この葉層は滑らかではない．1952 年にレーブは構成方法をやや改良し，現在彼の名を冠する滑らかな葉層を得ることに成功した [Ree]．

定理 6.1（レーブ葉層） 球面 S^3 を $|z_1|^2+|z_2|^2=1$, $z_i=(\rho^i, \theta^i)$, $i=1, 2$ で表すとき，レーブ葉層は円環面 $D^1 \times S^1$, $|z_1|^2 \leq \frac{1}{2}$ として構成される．ここで，D^1 は (ρ^1, θ^1) の座標系を持つ円板，S^1 は角 θ^2 によりパラメータ付けられる単位円である．葉層は以下の切断により幾何学的に定義される：

(1) $\theta^2=c$, $(\rho^1)^2=\mathrm{const}$（切断面は円である），$(\rho^1)^2=0$（切断面は点である）．

(2) $\tan \theta^1=\lambda$ の葉層の切断は曲線で，$\rho^1<\sqrt{2}/2$ となる ρ^1 について $\theta^2=\theta_0^2 = \exp\left[-\dfrac{1}{1-2(\rho^1)^2}\right]$ と表せる．円環面 $\rho^2<\sqrt{2}/2$ の葉層も同様にして構成することができる．境界 $\rho^2=\rho^1$ は閉ファイバーを成す．このファイバーのみがレーブ葉層になり，その他のすべてのファイバーは平面に位相同相になる．

3 次元球面 S^3 はふたつの円環面 $\rho^2<\sqrt{2}/2$, $\rho^1<\sqrt{2}/2$ に対して，境界 $\rho^2=\rho^1$ を同一視することによる貼り合わせで得られる．各ポリトープのレーブ葉層を選び境界の同

一視を行うことにより，S^3 上のすべてのレーブ葉層を得ることができる．ここで S^3 のコンパクトなファイバーは T^2 である．この葉層は C^1 級の滑らかさを持つ．

S^3 上の余次元 1 のどの葉層もコンパクトなファイバーを持つことを主張する予想があったが，ノヴィコフはこの難しい予想を証明した．証明の中で彼は葉層理論の発展に重要な構成に着手している．

余次元が 2 の場合，この予想は正しくない．1930 年代に H. ザイフェルトが立てたこの予想は 1974 年に P. シュヴァイツァーにより否定された．彼は周期解が全く存在しない，すなわち余次元が 2 になるコンパクトなファイバーが全く存在しないような S^3 上の C^1 滑らかさを持つベクトル場の例を構成した．

代数トポロジー． ノヴィコフは代数トポロジーに関する論文も書いている．ある論文では $n \geq 5$ に対して単連結多様体 M^n の分類を行っている（W. ブラウダーにより独立に得られた結果でもある）．また別の論文では有理ポントリャーギン類の位相不変性に関する定理を証明している．ポントリャーギン類の位相不変性に関するノヴィコフの定理は単連結多様体でしか正しくないが，その証明は非単連結なドーナツ型部分多様体の世界に移行することにより行われている．かなり人工的な方法ではあるが，自然な証明を導出する試みはまだ成功に至っていない[*]．1966 年，ノ

---

[*] D. サリヴァンと N. テレマンによるノヴィコフの定理の簡単な解析的証明はあるポイントでノヴィコフの還元方法を用いる．

ヴィコフは非連結多様体のホモトピー不変量の構造に関する予想を進展させたが，それは高次指数に関する予想として知られるようになる．その予想は，多様体が非自明な基本群（$\pi_1(M^n) \neq 0$）を持つならば，その多様体のすべてのホモトピー不変量がヒルツェブルフ多項式 $L(p_1, \cdots, p_n)$ と π_1 により定まる類の積の積分により表されることを主張する．ここで p_i は M^n のポントリャーギン類である．この予想はトポロジストの興味を大いにひき，多数の数学者が主要なクラスの多様体に対してノヴィコフ予想の証明に取り組んだ．G. ルスティックはアティヤー－シンガーの指数定理を一般化した楕円型作用素の理論に基づき，高次指数に関するノヴィコフ予想を証明する新しい方法を提案した．ルスティックの方法は，数理物理からの修正を経て，A. コンヌ，H. モスコヴィッチや J. ロットによる $\pi_1(M^n)$ が双曲群になる多様体に対するノヴィコフ予想の証明を導いた．M. グロモフにより導入されたこのクラスの群はサーストンプログラムの文脈において 3 次元多様体の研究を行う上で特に重要である．

数理物理．後年，ノヴィコフは代数トポロジーや微分トポロジーから離れてしまい，数理物理にのめりこんでいったが，そこで彼は等質モデルの構造に関する一般相対論と非線形可積分系で重要な結果を残している．この方面でのひとつの基本的な結果はコルテヴェーグ－ドフリース方程式に対する周期解の問題の解決であった．この方程式は P. ラックスによって独立に研究されていた．この問題を

定式化することにより，代数幾何と密接な関係を持つ可積分系の理論の新領域が誕生した．コルテヴェーグ－ド－フリース方程式を 2 次元に一般化したカドムツェフ－ペトヴィアシュヴィリ方程式を考えることにより，ノヴィコフはリーマン面の理論の古典的問題であるショットキー問題の解と関連する面白い予想に到達した．この問題はリーマン面のヤコビアンを特徴づける方程式系を探すことを含意する．ノヴィコフは対応するテータ関数がカドムツェフ－ペトヴィアシュヴィリ方程式の解であるとき，またそのときにかぎりそのテータ関数がヤコビアンを記述することを予想した．このノヴィコフ予想は塩田隆比呂と村瀬元彦により証明された [Shi, Mu]．

　物理学者との緊密な連携を通して，ノヴィコフはゲージ理論の研究を行い，多値汎関数の理論で新境地を開いた．ここでも，彼の他の物理学的な論文と同じくノヴィコフは物理的直観とトポロジーの深遠なテクニックを融合させている．最近は学生とともにひも理論において重要な結果を得ている．

　物理学者と緊密な接点があったため，ノヴィコフは現代幾何学や現代トポロジーを理論物理学者が理解しやすい形で議論するようになった．多数の物理学者や数学者がそのような概説の必要性を認識していたが，ノヴィコフは同僚の B. A. ドゥブローヴィンや A. T. フォメンコとこの計画を実行した最初の人物である．3 巻本の『現代幾何学』(*Modern Geometry*) を勉強することにより，理論物理学

者は数理物理の新しい領域で仕事をするうえで必要な基礎を習得することができる［DFN］．

トポロジストの研究を瞥見すると，多くの問題が多様体の分類問題と関連していることがわかる．そこで，3次元多様体と4次元多様体に関する論文を議論することによりこのセクションを終わりにすることにしよう．

マイケル・フリードマン

4次元ポアンカレ予想．1986年にフィールズ賞を受賞したフリードマンは1982年にS^4に対するポアンカレ予想を解決した［Fr］．4次元コンパクト単連結位相多様体M^4の分類に関する彼の結果は予想の解決以上の一般的な内容を含んでいる．コホモロジー群$H^2(M^4, \mathbb{Z})$から生じる交叉形式Qを考えるとき，彼の結果は次のように述べられる——「$\mathbb{Z}$（整数環）上のどのユニモジュラー2次形式も$H^2(M^4, \mathbb{Z})$上の交叉形式Qの形で表すことができる」．

結果は簡単に定式化できるものの，証明が極めて難しくなることは数学ではしばしば起こることである．フリードマンの証明の主な道具はいわゆるキャッソン・ハンドルの貼り合わせを必要とする複雑な手術のテクニックである．分類問題に対して交叉を用いるアイディアは1952年のロホリンの結果がその嚆矢であるが，その後20年間，彼の結果は完全に評価されなかった．彼は，滑らかなコンパクト単連結多様体が偶数個の交叉形式Qを持つのであればその符号σは16で割り切れなければならないが，一方で位

相多様体の場合は σ が 8 で割り切れれば十分であることを証明した．ドナルドソンが後年証明したように，この結果は偶数個の定値形式 Q を持つ多様体 M^4 は滑らかな構造を持ちえないことを意味している．

近年フリードマンの興味は物理学への興味に移っている．しかしゲージ理論から出発したドナルドソンの業績とは対照的に，フリードマンはトポロジーをプラズマ物理学や磁気流体力学に応用しようとした．彼は磁場の消失エネルギーを評価するにあたって磁場の力線の絡み数の非自明性を用いている［FH, FHW］．

サイモン・ドナルドソン

4 次元異種ユークリッド空間． 1982 年のフリードマンの論文の出版からわずか 1 年後に，1986 年の受賞者であるドナルドソンは，正定値交叉形式 Q を持つ滑らかな 4 次元コンパクト単連結多様体 M^4 に対して，その交叉形式 Q が整数環 $\mathbb{Z}$ 上 $Q = x_1^2 + \cdots + x_n^2$ の形に対角化できることを証明した［Don］．フリードマンの結果と合わせることにより，この証明は予期せぬ系をもたらす——すなわち，位相同相であるが微分同相ではない 4 次元多様体が存在する．

ドナルドソンの論文は，S^4 上に異なる微分構造が存在することを意味するのではなく，したがって強いポアンカレ予想を否定するものでもない．S^4 に対しては $H^2(S^4, \mathbb{Z}) = 0$ であるのでこの系は自明に退化してしまう．それにもかかわらず，ドナルドソンの結果を強めることにより S^4 上

に異なる微分構造の構成ができてしまう．ドナルドソンの結果は非コンパクト空間 $\mathbb{R}^4$（4次元ユークリッド空間）上に異なる微分構造が存在することを示唆している．

R. ゴンプと C. トーブスは一連の論文で，まず可算個（ゴンプ），そして連続濃度（トーブス）を持つ非微分同相な滑らかな構造の対の族を構成した．しかしながら，エキゾチックな $\mathbb{R}^4$（通常定義される $\mathbb{R}^4$ ではない空間）の中にトーブスの連続濃度の族には入っていない例が存在するので，トーブスの構成した族は不完全である．そのような空間の性質は異常であり，たとえば，その空間の中にはコンパクトな部分集合でありながら通常の方法では3次元球面に埋め込めないような集合が存在する．量子場の理論ではユークリッド空間の微分構造が未解決であるので，エキゾチックな $\mathbb{R}^4$ の存在は量子場の理論にとって重要な示唆を与えるかもしれない．

代数多様体の微分構造． ドナルドソンの結果は多様体の予期せぬ性質を明らかにする新しい研究分野を創出した．特に興味深いのは代数多様体上の微分構造に関連した問題である．

次の問題を考えよう．4次元多様体の位相的性質と代数的性質の間の関係とは何か？ 解答は交叉指数の行列あるいは2次形式 Q の観点から与えることができる．ドナルドソンの結果は予期せぬものであった．彼は同じ2次形式 Q を持つものの互いに微分同相ではない代数曲面の完全な列を構成して，そのような性質を持つ多様体の他の結果と

関連させた.また,位相多様体に対して2次形式 Q が $Q=Q_1+Q_2$ を満たすなら Q を持つ多様体 M はそれぞれ2次形式 Q_1 および Q_2 を持つ多様体 M_1 および M_2 により $M=M_1+M_2$ と表すことができるという分解可能性の性質を証明した.ドナルドソンが構成した代数曲面に対してはこの性質は成り立たない.そのような代数多様体は分解不能であるといわれているが,分解不能な多様体の構造に関するいくつかの美しい予想が存在する.アティヤーは「分解不能な滑らかな4次元多様体は球面 S^4 か分解不能な代数曲面である」という予想を提出したが,1990年の夏にゴンプと T. ムロウカはどの代数(複素)多様体とも微分同相ではない $K3$ 曲面型の4次元単連結多様体の例を構成することによりアティヤーの予想を否定した.このアイディアの方向により興味深い結果を紹介しよう.S. M. フィナシン,M. クレック,O. Ya. ヴィロは次の定理を証明した [FKV].

定理 8.1 以下の性質を満たす S^4 内の滑らかな2次元曲面の無限列 $s_1, s_2, \cdots$ が存在する:
 (1) どの i および j についても対 (S^4, s_i) と (S^4, s_j) は位相同相だが微分同相ではない.
 (2) 各 s_n は実射影平面 RP^2 の10枚分の連結和と位相同相である.

ドナルドソンの論文は興味深い結果と証明方法に満ちている.微妙なトポロジーのテクニックを用いる中で,彼は

ヤン–ミルズ方程式のインスタントン解という現代的場の理論の構成を用いている．ここでトーブスと K. ウーレンベックの重要な論文がドナルドソンの証明の解析的な部分の基礎を成している．[FU] および [L2] ではドナルドソンの定理の美しい概説がなされていて，必要な解析的道具やトポロジーの道具がすべて含まれている．

数理物理． ここではドナルドソンの業績をすべて紹介する紙幅はないので，磁気単極子とインスタントンの分類から二つの結果を挙げることにしよう．これらの問題は両方とも物理学の問題であるが，その完全な解は代数幾何のテクニックを用いることにより初めて可能になる．インスタントンの分類問題に関してドナルドソンは新しい証明方法を発見している．磁気単極子の問題については，磁気単極子のモジュライ空間（場の方程式の古典物理学的な3次元の時間依存の解）の記述という複雑な問題と関連している．4次元との類似をたどることにより，磁気単極子解と3次元多様体の分類の間の関係という興味深い未解決問題がここに現れるのである．

1985年，カリフォルニア工科大学の A. キャッソンは3次元多様体 M^3（正確には，向きづけられた整ホモロジー3次元球面）の新しいクラスの整数値不変量を導入した．彼のアプローチは群 $\pi_1(M^3)$ からゲージ群への表現と関連している．たとえば，M^3 上のゼロ曲率を持つ接続の空間に作用するゲージ群は $SU(2)$ である．キャッソンの結果は無限次元の接続空間のホモロジー群を構成した A. フレア[*]

によって重要な一般化が行われた．ここで再び物理モデルとの関連が引き合いに出されている．この分野はまだ揺籃期にあるものの，シンプレクティック多様体のシンプレクティック・モース理論や（グロモフの意味での）擬正則曲線との関連がすでに指摘されているし，4次元多様体の不変量は実質的でしかも誰も予想していなかった結果の出る兆候を示している．

ウィリアム・サーストン
　3次元多様体の幾何化予想．1930年代の初期に完成を見た2次元多様体の分類は単純さと完全さに関して注目すべきものであったが，3次元多様体の分類問題は極めて難しい問題であり解決しがたく思われていた．この状況は1983年のフィールズ賞受賞者であるサーストンの論文により劇的に変化することになる．サーストンやその他幾人かの数学者たちのアイディアは，望みがないと思われていたこの問題への挑戦を解決に向かって前進させたのである．

　サーストンは，3次元多様体がある種の幾何構造を備えた部分への標準分解を許容することを予想した．「ある種の幾何構造」は説明を必要とするだろう．サーストン予想は，向き付け可能なコンパクト3次元多様体は2次元球面と3次元球の境界球面を貼り合わせることによりその2次元球に埋め込まれたトーラスたちによって各部分に分解で

＊　ドイツの数学者フレア（1956年生まれ）はその優れた研究活動の端緒で1991年に亡くなった．

きることを主張し，トーラスたちをそのままにしておくことで，幾何構造を許容する境界を持つ多様体 M^3 を得ることができることを主張する．多様体 M^3 は局所完備な等質リーマン計量をその上で導入することができるとき，幾何構造を持つという．もっとも興味深い場合は負曲率の計量（双曲空間）である．

　サーストンの予想は完全にはまだ証明されていない．その証明には 3 次元のポアンカレ予想の証明が必要になるだろう．しかしながら，ハーケン多様体と呼ばれる大きいクラスの多様体に対してサーストンは自身の予想を証明することに成功した．

　3 次元多様体のトポロジーと微分幾何的特性（多様体上の双曲計量の存在）は予期せぬ発見であった．この方面でも多数の重要な結果が得られている．たとえば，グロモフは双曲空間に対して体積が位相不変であることを示したのみならず，与えられた定数より小さい体積を持つ完備な双曲空間はたかだか有限個しか存在しないことも証明した．

　微分同相写像の分類．3 次元多様体の研究からは，クライン群の理論，擬共形変換，離散群，力学系やその他多数の異なる数学の分野の間に存在する美しい関係が発見されてきた．これらの関係は，2 次元曲面 M^2 の微分同相写像（または位相同相写像）$\{\varphi\}$ を（等長写像を除いて）記述する問題において極めて顕著に現れる．この問題を研究した数学者の中でも，1930 年代に O. タイヒミューラーが主結果を得ている．タイヒミューラーはリーマン面の理論およ

び擬共形変換の観点からこの問題にアプローチし，J. ニールセンは幾何的および代数的観点からこの問題を研究した．ニールセンは，M^2 が閉曲面の場合においても M^2 を各部分に分割して考え，写像 φ を境界への接近という観点から研究することの重要性を説いた．サーストンはこの問題で力学系の理論を用いて，特に双曲的かつアノゾフ不安定である M^2 上の葉層を導入した．ここでは1より大きい種数を持つ曲面の空間に双曲計量を導入することが必要になる．この将来有望な数学の分野に魅入られた読者は有名な論文［TW］やサーストンの概説［T2］に当たられたい．残念なことに，この原稿を書いている時点でサーストンの1979年のプリンストンにおける講義録はプレプリントの形でしか存在しない．

3次元多様体の研究におけるその他のすばらしい結果を簡単に紹介してサーストンの論文の回遊を終えることにしよう．たとえば，サーストンは長い間未解決であったP. A. スミスによる以下の予想を証明した（なお，S. T. ヤウの解説も参照されたい）．

定理9.1（スミス予想） φ を，$\varphi^n = 1$ を満たす微分同相写像とし，向き付けを保ちかつ不動点を持つ写像とする．このとき，φ の不動点の集合は結び目のない円であり，微分同相写像 φ は等長写像と共役である．

サーストンは，たとえば葉層理論のような他の数学の分野においても豊かな結果を残しており，「$\chi(M) = 0$ となる

ようなどの多様体にも，余次元が1になるような葉層が存在する」という定理はそのひとつの例である．最近サーストンはセルオートマトンのモデルを研究している．

サーストンの論文からは，代数幾何，微分幾何，多様体の位相幾何的特性の間の微妙な関係に対する彼の広範な興味を見ることができる．

複素解析

S. T. ヤウ（丘成桐）

カラビ予想の解決． ここからは複素解析の仕事をみていくことにしよう．説明の便宜上年代順を破って，1983年のフィールズ賞受賞者ヤウの論文から始める．幅広い興味を持った数学者であるヤウの業績のひとつは1954年のカラビ予想の証明である．

定理10.1（カラビ予想） M^n をケーラー計量 g および随伴形式 Ω をもつ複素ケーラー多様体とする：

$$\Omega = (i/2)\sum_{i,j}g(z,\bar{z})dz^i \wedge d\bar{z}^j. \tag{10.1}$$

このとき，すべてのケーラー形式(10.1)はリッチ・テンソルにより生成される形式 $\tilde{\Omega}$ にコホモローグである．

複素解析および代数幾何におけるこの定理の重要性は，この定理の多数の系により示されている．そのうちの一つ，セヴェリ予想として知られるものを紹介しよう——

「もし複素曲面が CP^2（2 次元の複素射影平面）にホモトピックであるなら，それは CP^2 に双正則である」．

カラビ – ヤウ多様体．現在，カラビ – ヤウ多様体として知られるリッチ平坦（第 1 チャーン類 $c_1=0$）な計量をもつ多様体の研究は，物理学との関係，特にひも理論や超ひも理論との関係が増してきている．ひも理論では物理的時空間はボゾン的ひもと呼ばれる 26 次元の空間と，フェルミオン的ひもと呼ばれる 10 次元の空間からなる．余分な次元の自由度をコンパクト化することにより 4 次元時空間に変換するときに複雑な問題が発生する．そのコンパクト化された多様体は物理的要請によりカラビ – ヤウ多様体でなければならない．これらの多様体は特異点やサーストンの言葉で言うところのオービフォルド（軌道多様体）も含んでいる．

ヤウは数学の世界を超えたところでも重要な結果を得ているが，そのうちのひとつとして，一般相対論では質量は正でなければならないという R. シェーンの予想の証明がある．彼は，非自明な孤立した物理系に対して，物質や重力による貢献も含んだ全エネルギーは正でなければならないということを証明した．後年，ウィッテンが超対称性を用いた新しい証明に進展させた．

3 次元多様体．ヤウのその他の結果の議論は省略し，W. ミークスと共著の 3 次元多様体の論文に注意したい．彼らは極小曲面の理論において長らく解決されなかった問題を証明した．同変ループ定理のように，その論文で得られた

結果はスミス予想を証明する際にも重要である（スミス予想についてはサーストンの項も参照）．ローソンと共著で書かれたいくつかの論文で，ヤウはコンパクトな非アーベル群である変換群により作用される正のスカラー曲率の計量を持つ多様体のクラスを記述している．

ヤウが提示した証明には複雑な解析的道具が含まれているが（例えば，モンジュ–アンペール方程式の解に関する先験的評価がカラビ予想の証明に使われている），結果それ自体は代数的またはトポロジー的な性質のものである．

ラース・アールフォルス

ネヴァンリンナ理論と被覆面．50 年前にさかのぼろう．複素解析の業績に対して，アールフォルスは 1936 年に第 1 回フィールズ賞を受賞した．彼は，E. リンデレフや R. ネヴァンリンナにより基礎づけられたフィンランド学派を代表する数学者である．

アールフォルスはリーマン面の現代的幾何理論を創設するのにも一役買っている．1935 年の有名な論文「被覆面の理論について」[Ah1] で，彼は有理型関数の値分布に関するネヴァンリンナの定理が成立するような曲面のクラスを示している．彼は被覆面の理論を建設し，対応する曲面が共形変換よりも広い写像のクラスにより決定されることを示した．アールフォルスはこれらの写像を「擬共形」と呼んだ．実は，1928 年に H. グレッチが，また 1935 年に M. A. ラヴレンチェフが擬楕円型方程式の研究においてこの

クラスの写像をそれぞれ導入している．しかし，複素多様体における擬共形写像の重要性を認識させたのはアールフォルスの功績である．擬共形写像の概念により，リーマン面のモジュライ空間，タイヒミューラー空間およびリーマン面の変形の記述といったリーマン面の理論における基本的な問題を解決することが可能になった．

アールフォルスは1930年代のタイヒミューラーの基本的論文に対する関心を再び高めたのであって，これは賞賛すべきことである．

アールフォルスと彼の弟子，特にリップマン・バースはタイヒミューラーの結果を強めていくつかの方向に拡張した．特に美しいのはクライン群の研究である．半世紀以上にわたって，アールフォルスは複素解析のリーダーであり続け，第1回フィールズ賞委員会の判断が誤りではなかったことを証明した．彼の全集は1982年に出版されている[Ah2]．

小平邦彦

1954年のアムステルダムでの会議で小平はフィールズ賞を受賞した．彼の論文はトポロジー，複素解析そして代数幾何という数学の三つの分野を包含している．小平の論文を読めば，これらの分野を分離することの不自然さを容易に理解することができるだろう．

小平の埋蔵定理・消滅定理．最も重要な論文で，小平はコンパクト複素多様体が代数的であるための条件に取り組ん

でいる．彼はコンパクト複素多様体がホッジ多様体であるとき，すなわち多様体が整係数の微分形式にコホモローグなケーラー形式を持つとき，またそのときにかぎり代数的であることを示した（小平の埋蔵定理）．小平はリーマン－ロッホの定理の最初の高次元化やコンパクト複素曲面の最初の分類も与えている．

1954年に小平は基本的な論文「制限型のケーラー多様体について」[Kod1] を発表した．それはコンパクト複素多様体のある種のコホモロジー群の退化性（自明性）についての重要な定理の証明を含んでいる．彼の定理（小平の消滅定理）は複素多様体の幾何学の研究にとって決定的である．小平の定理の一つの系は，射影多様体のコホモロジーとその射影多様体と非退化超平面の交わりのコホモロジーを結びつけるレフシェッツの定理である．

小平の論文は複素数体上の代数多様体についての長期にわたる研究の頂点を極めている．優れた数学者であるヘルマン・ワイルの意見では，これらの論文はホッジの論文以来，複素多様体の理論への第一級の貢献である．

ワイルは1954年のフィールズ賞委員会の議長を務めたが，受賞者である小平とセールの論文についてのスピーチを行った．不思議なことに，ワイルは二人の数学者の研究領域を区別することに困難を感じた．彼は言う，「経験の乏しい者は，われわれ委員会があまりにも近接した分野を研究領域としている二人の数学者にフィールズ賞を与えたと感じるかもしれない．いくつかの手法の重複はあるにせ

よ，彼らが完全に異なる極端に難しい問題の解決を与えていることを示すことが委員会の仕事である」．

解析空間の変形理論． 複素多様体に対する興味を保ち続けた小平は，後年にもいくつかの重要な結果を得ている．特に複素多様体の族を対象とする解析空間の変形に関する結果を D. スペンサーとの共著で得ているが，この理論は新しい研究分野を開いた．1975 年までの小平の仕事は，彼が 30 年近く勤めたプリンストン大学から 3 巻の全集として出版されている [Kod2]．その時点から代数幾何，トポロジーおよび複素解析の結びつきは一層強くなっていった．

代数幾何

アレクサンドル・グロタンディーク

スキーム概念． 1966 年にグロタンディークは代数幾何の業績でフィールズ賞を受賞した．グロタンディークの名前は，数学の他の分野にも影響を及ぼした代数幾何の革命と結びついている．彼が導入したスキームの概念は代数幾何を新しい抽象のレベルに導き，伝統的な教育を受けた数学者の理解を超えた．1940 年代後半および 1950 年代初頭の層やスペクトル系列等々の理論はこの複雑なテクニックに組み込まれている．これらの複雑な構造が実はすべて「アブストラクト・ナンセンス」* なのではないか，という期待

---
* 「アブストラクト・ナンセンス」という語は代数では明確な意味を持っており，軽蔑的な含意はない．

を抱いて束の間自らを慰めた数学者もいたかもしれない．しかし，グロタンディークとその後継者たちは，代数幾何や数論の古典的問題——才能ある数学者たちが幾世代にもわたって挑戦してきたものの解決できなかった問題である——が，K 理論，モチーフ，l 進コホモロジーやその他同等に複雑な概念によって解決されることを後年の論文で示したのである．

これらの概念体系により得られたすばらしい結果がのちの受賞につながった．

プログラムのスケッチ． グロタンディークは 1970 年代初頭にはその名声の頂点にあったが，数学界から姿を消してしまった．それ以来，彼はまったく論文を発表していない．それにもかかわらず，彼の手稿のひとつ——これは現在入手可能である——は遁世の期間の仕事の深さと強烈さを備えている．その手稿とは，モンペリエ大学の研究職に応募するために CNRS* に提出された「プログラムのスケッチ」** で，その中でグロタンディークは，数学の発展にとって重要な，同僚や学生たちとの研究に値するいくつかのトピックについて詳細な説明を行っている．本質的には，それは幾何学，組合せトポロジー，代数幾何の間にある関

---

* Centre Nationale de Recherche Scientifique（フランス国立科学研究センター）の略．フランス国内の多くの基礎研究に出資している．
** グロタンディークのこの仕事を分析した書籍が近年ケンブリッジ大学出版局から刊行された．[Grot1] 参照．

係を探求する問題である．

　グロタンディークが考える一つの問題は次のように定式化できる．ある種の正則性条件（特に1次元の複体である条件）を満たすリーマン面 M^2 上のある種のグラフ $\mathcal{D}$（グロタンディークはそれを「デッサン・ダンファン」(dessins d'enfants) と呼ぶ）を考える．そのような各グラフに対してある数体の上で滑らかな代数曲線 $X_\mathcal{D}$ を対応させることができる．そのような曲線の存在は，モスクワの数学者 G. ベリイによって証明された複雑な定理の系から従う．

　中核となる問題は次の問題である——「グラフ $\mathcal{D}$ が与えられたとき，$X_\mathcal{D}$ と写像 $\beta_\mathcal{D}: \mathcal{D} \longrightarrow X_\mathcal{D}$ について何が言えるか？」

　$\mathcal{D}$ が球面 S^2 上のツリーである最も単純な場合，対応する曲線は超楕円曲線である．

　この問題の逆の問題もまた興味深い．代数曲線が与えられたとき，リーマン面のどのグラフがそれに対応するであろうか？　グロタンディークは，グラフと関数 $\beta_\mathcal{D}$ の対応はグラフ $\mathcal{D}$ 上のガロア群 $\mathrm{Gal}(\bar{\mathbb{Q}}/\mathbb{Q})$ の作用によって決定されると主張する（ここで，$\mathbb{Q}$ は有理数体であり $\bar{\mathbb{Q}}$ はその代数閉包である）．グロタンディークにより発見された，曲面上のグラフの幾何学的性質と代数関数の関係は純粋数学の観点から大きな価値を持つというだけではなく，特にひも理論や結晶学といった理論物理学に対しても価値がある．一つの応用可能分野は2次元重力場の理論であり，もう一つは準結晶の理論である．モスクワの数学者 V. ヴォ

エヴォドスキーと G. シャバットはグロタンディーク予想のいくつかを証明しようと試み，種数が2以下である曲面上のグラフを研究することによりすばらしい結果を得た．彼らはグロタンディーク予想が正しいことを確かめ，難解な一般的定理への幕を開いた．

グロタンディークの「プログラムのスケッチ」に含まれるテーマのうち，本書でふれることのできるのは一つだけであるが，他の主張や予想も注意深く研究すれば，間違いなく非常に興味深い結果が得られるだろう．

「プログラムのスケッチ」を直接読者に参照願うことはできないので，私はグロタンディークの60歳の誕生日に捧げられた3巻の記念論文集を推薦したい [Grot2]．そこではグロタンディークが現代数学に及ぼした影響について極めて充実した描像を見ることができる．

広中平祐

代数多様体の特異点の解消． 1970年に広中は，標数ゼロの体上の代数多様体の特異点の解消という重要な問題を解決したことによりフィールズ賞を受賞した．特異点を持つ代数多様体とは，ヤコビアンが最大の階数を持たないような点が存在する多様体として定義される．特異点を持つ代数多様体の最も簡単な例は，結節点や尖点を持つタイプの曲線である．このような曲線は $y^2 = x^3 + x^2$ （結節点）や $y^2 = x^3$ （尖点）として表される．特異点を持つ代数多様体の別のタイプは次のような構成によって得られる．多様体 M^n

に離散群 Γ が作用し，$x_i \in M^n$ が Γ の作用に関する固定点であるとすると，商空間 M^n/Γ は特異点を持つ代数多様体になる．このような代数多様体は，既述のとおり，オービフォルドと呼ばれる．$M^6 = T^6/\Gamma$（T^6 は 6 次元トーラス）のようなあるクラスの軌道多様体は現代のひも理論で登場する．

代数幾何における特異点解消の問題とは次のとおりである．特異点を持つ代数多様体 $\tilde{M}$ が与えられたとき，$\tilde{M}$ が M の固有双有理射の像として得られるような非特異代数多様体 M を構成することが可能であるか？　代数幾何では特異点解消のプロセス（ブローアップ〔爆発〕）が開発されていて，適当な次元の射影空間が特異点に替わって貼り合わされる．この方法で特異点を段階的に解消するプロセスを行う．しかし，このプロセスを行うとき，多数の複雑な問題が生じてしまう．たとえば，特異点の除去により新しい特異点が発生しないことを示さなければならない．

特異点解消の問題は代数幾何では中心的課題と考えられている．曲線に対する特異点除去は 19 世紀にはすでに知られていたが，曲面に対しては代数幾何のイタリア学派の仕事で初めて扱われた．しかし，この学派の他の結果と同様，超越的な方法によっているため厳密な結果とは見なされなかった．現在ではイタリア学派のほとんどの結果は厳密性を取り戻している．1939 年に O. ザリスキーが標数ゼロの体上で純粋に代数的な証明を与えたが，最終的に 1964 年広中が標数ゼロで n 次元代数多様体に対するこの難解

な問題を解決したのである.

デイヴィッド・マンフォード

アーベル多様体のモジュライ空間. 1974 年にマンフォードはフィールズ賞を受賞した. 彼はアーベル多様体のモジュライ空間の記述という代数幾何の古典的問題の解決を大きく前進させた. マンフォードの論文はテータ関数の理論の純粋な代数的構成を含んでいる.

不変式論は, D. ヒルベルト, P. ゴルダン, A. クレプシュやその他の 19 世紀後半〜20 世紀前半の数学者たちの名前と関連する古典的な数学の分野であるが, 彼の不変式論の論文によりその興味が再度呼び起こされた. マンフォードは現代代数幾何の観点から不変式論を完全によみがえらせたのである. 特に彼はベクトル束の安定性の概念を導入した. この概念は群 G の代数多様体上の軌道を記述する際にもともとは導入されたものであるが, のちに代数多様体がパラメータ付けられた空間または代数的対象の族である場合で, 群 G がそれらの間の同値性を与えている場合には, 対象の軌道の安定性がその幾何学的性質に忠実に反映されていることが明らかになった. この考察は代数多様体のモジュライ理論を構成する際の基礎となる考察であり, これによって代数幾何の多数の問題を退化法で解決することが可能になった.

マンフォードの理論は特定の幾何学的状況における「良い」安定的な退化性を構成的に識別し, 結果的に代数幾何

の多数の古典的問題を解決へと導いた．たとえば，マンフォードと J. ハリスは大きな種数の代数曲線のモジュライ空間が非有理的であることを証明した．ハリスは初等的な特異点を持つ多様体の連結性についての著作をものしている．

マンフォードの論文はこの数十年に現れた，将来有望な研究の最たるものである．現代代数幾何の概念と，特にイタリア学派が用いた超越的方法により得られた古典数学のすばらしい個々の結果とが，彼によって直接的に結び合わされたのである．

ピエール・ドゥリーニュ

ヴェイユ予想の解決． 1978 年にドゥリーニュは有限体上のゼータ関数に関するアンドレ・ヴェイユの予想を証明したことによりフィールズ賞を受賞した．1949 年にヴェイユは有限体上の代数多様体に対するリーマンゼータ関数の類似物のふるまいについて一連の予想を定式化した．彼の予想にはゼータ関数の有理性やゼータ関数の「零点」(α_i) のふるまいに関する証明が含まれていたが，この証明は言わば，有名な未解決問題であるリーマン予想——これは古典的なゼータ関数の零点 $\mathrm{Re}\,\alpha_i = \frac{1}{2}$ に関するものである——の有限体版である．

有限体上の曲線に対しては，E. アルティン，H. ハッセ，そしてヴェイユ本人が定式化し証明を行った（アルティンとハッセは楕円曲線のみ）．これらの結果は代数的整数論

では大きな進展である．有限体上の曲線のゼータ関数を研究することで代数幾何の強力な道具が開発され，整数論におけるいくつかの難解な問題が解決された．とりわけ，代数幾何のイタリア学派は多数の古典的定理に対して純粋に代数的な証明を発見した．しかし，B. ドワークによるゼータ関数の有理性の証明のような個別の成功とは別に，多次元のヴェイユ予想には到達できないでいた．ドゥリーニュの1973年の証明はその美しさと複雑さの点で衝撃的であるが，そこでは何年にもわたって蓄積されてきた代数幾何のテクニックの粋が用いられている．決定的な役割を果たしているのは M. アルティンとグロタンディークの仕事，特にグロタンディークにより導入された l 進コホモロジーの概念であり，l 進コホモロジーを構成することで，古典的な（$\mathbb{C}$ 上の）代数多様体のコホモロジーに対するレフシェッツの基本定理を，有限体上の代数多様体に拡張することができるようになった．ニコラス・カッツ[Kat]がドゥリーニュの定理をきれいに，しかもできるだけ近づきやすい形で解説している．

ラマヌジャン予想の解決．整数論のいくつかの古典的な予想は，その証明がドゥリーニュの結果から導かれるが，古典的なラマヌジャン予想もそのうちの一つである．この予想はカスプ形式 Δ の係数のふるまいに関する予想と解釈することができる．1930年にドイツの数学者の H. ペーターソンはより一般的なモジュラー形式の係数のふるまいに関するいくつかの興味深い予想を提出した．のちにこの一

連の予想はラマヌジャン – ペーターソン予想と呼ばれるようになる．ドゥリーニュは一般的な形式でラマヌジャン – ペーターソン予想を証明することに成功した．

定理 16.1（ラマヌジャン予想）　放物形式

$$(2\pi)^{-12}\Delta(z) = x\prod_{n=1}^{\infty}(1-x^n)^{24} = \sum_{n=1}^{\infty}\tau_n x^n, \quad (16.1)$$
$$x = \exp(2\pi i z)$$

に対して，すべての素数 p について $|\tau_p| \leq 2p^{\frac{11}{2}}$ が成り立つ．

この定理の定式化はきわめて簡単であるが，ドゥリーニュの言葉によれば，代数幾何の専門家ではない数学者に対して証明を行う場合，2000 ページもの紙数が必要になるという．

ドゥリーニュは後年ヴェイユ予想の新しい証明を考案したが，彼を含む多数の数学者の努力にもかかわらず，証明を簡単にする有力な方法はまだ見つかっていない．証明の最も複雑な部分は l 進コホモロジーを用いる部分である（ただしジェラール・ローモンがある種の基本的な簡略化を行っている）．曲線の場合は S. ステパノフが，ついで E. ボンビエリがヴェイユの定理の初等的証明を得たため，その意味では多次元の場合は曲線の場合とは際立って異なっていると言えるだろう．

混合ホッジ構造． 特異点を持つ複素代数多様体のコホモロジーを記述するドゥリーニュの「混合ホッジ構造」につ

いても言及しておこう．彼の論文は W. ホッジ，小平，セールその他の古典的結果を著しく一般化している．ホッジ理論の論文はヴェイユ予想の証明とほぼ同時期に書かれたものであるが，深遠な内的連関を持っている．

超幾何関数． 整数論と代数幾何の領域でドゥリーニュが書いた論文はバラエティーに富んでいる．超幾何関数の研究に関連した最近の結果を指摘しておこう．この分野は 19 世紀後半や 20 世紀初頭に精力的に研究されていたものの，その後純粋数学者たちの興味を失っていたが，ドゥリーニュと G. モストウの共著論文およびゲルファント学派により展開されてきた表現論の新しい観点により特殊関数の研究が近年復活した［DM, GKZ］．

ドゥリーニュとモストウは

$$\int z^{\lambda}(z-1)^{\lambda_1}\prod_{i=2}^{d}(z-x_i)^{\lambda_i}dz \qquad (16.2)$$

の形の多次元超幾何関数のモノドロミー群 Γ を記述した．パラメータがある値を取る場合，群 Γ は $d-1$ 次元射影空間で商空間が有限体積になる離散格子を構成し，さらにある場合には非算術的格子を得ることができる．（階数 1 の空間である）ロバチェフスキー空間での非算術的格子をすべて記述したグロモフと I. ピアテツキ = シャピロの結果と合わせると，これらの結果は階数が 2 以上の空間の算術的格子に関する G. A. マルグリスの研究を補完することになる．

ゲルト・ファルティングス

モーデル予想. グロタンディーク後の代数幾何でフィールズ賞を受賞した最後の業績は，60 年間も未解決であったモーデル予想を解決したファルティングスの注目すべき論文である．フェルマーの最終定理を証明するための最初のステップがそこから踏み出されたのである．

モーデル予想を最も簡潔な形で述べると，「種数が 2 以上の代数曲線を定義する有理係数の代数方程式系はたかだか有限個の有理解しか持たない」という形になる．モーデル予想を証明するにあたり，ファルティングスは S. Yu. アラケロフ，ドゥリーニュ，マニン，マンフォード，A. ネロン，A. N. パルシン，I. R. シャファレヴィッチ，J. テイト，Yu. G. ザルヒンの結果を用いている（このリストはもちろん網羅的ではない）．

モーデル予想を証明する際ファルティングスが克服した決定的な問題は，代数的整数論における多くの問題が共有する事実から派生するものであり，一見しただけでも重要な結果であると言える．それはゼータ関数に対するリーマン予想である．関数体に対してはファルティングスの定理の類似の主張ははるかに簡単に証明することができる．特に，1963 年にはすでにマニンが関数体に対するモーデル予想の類似を証明している．

この観点で，ファルティングスは「算術曲面」と呼ばれる数体上の代数多様体の研究プログラムの全貌を示したと言える．ファルティングスの結果が近年物理学において，

ひもの統計和に対する多重ループの寄与を解析する際に適用されているのももっともなことである．

　フィールズ賞委員会は受賞者を選定するにあたり，長らく未解決であった特定の難問の解決，およびわれわれの知を拡大するような新しい概念の定式化の両方を表彰するという賞の創設者の基本理念に常に沿うように努力してきた．古典的問題の解決に関する限り，解析的整数論の領域における受賞者たちの論文は最も純粋な意味でこの理念に沿うものであろう．

整 数 論

アトル・セルバーグ

　素数分布．セルバーグは 1950 年にフィールズ賞を受賞した．整数論の業績に対して賞が与えられるのはこれが初めてである．彼は素数分布の推定について非常に効率的な方法を開発した．古代ギリシャのエラトステネスの時代から，与えられた整数区間に存在する素数の分布を推定する際にはエラトステネスのふるい法が用いられてきた．1919 年にセルバーグと同じノルウェー人である V. ブルンは，二つの列の中にある素数を同時に推定する二重ふるい法を用いることによってふるい法を著しく改善させ，どちらも x より小さい双子素数（p および $p+2$ が両方とも素数）の対の数である $\pi_2(x)$ の評価に関する以下の定理を証明した．

定理 18.1（ブルンの定理） $x > x_0$ のとき,
$$\pi_2(x) < \frac{cx(\log\log x)^2}{(\log x)^2} \tag{18.1}$$
が成り立つ. ここで c と x_0 は正の定数である.

セルバーグはふるい法で非常に精緻な結果を出し，それにより整数論の古典的な問題を解決した．そのうちのひとつである，素数分布
$$\pi(x) \sim x/\log x \tag{18.2}$$
に対する漸近法則の初等的証明は，G. H. ハーディーが言うところの，整数論における「現代数学に挑戦をたたきつけてくる」矛盾した状況を解消するものであった．セルバーグが証明するまで，上記の公式(18.2)を証明する唯一の方法は，1896年のJ. アダマールとC. J. ド・ラ・ヴァレー・プーサンによるもので，複素関数論に依拠していた．いまではセルバーグに加え，彼の公式に基づいて別の初等的証明を提案したP. エルデシュのおかげで，複素関数論に依拠しない証明を行うことができるようになった．セルバーグの結果は整数論におけるやっかいな一連の問題を解決する際の原動力になった．

ここでL. G. シュニレルマンの注目すべき結果を紹介しよう[*]．素数分布の密度に関するアイディアを用いて，彼

---

[*] 優秀な数学者であるシュニレルマン (1905-1938) の自殺の理由については完全にはわかっていない．整数論における突出した論

は 1930 年に以下の定理を証明した．

定理 18.2（シュニレルマンの定理） すべての整数はたかだか c 個の素数の和により表される．ここで c は絶対的正の定数である．

シュニレルマンは $c=800{,}000$ という評価を得た．1951 年に H. N. シャピロと R. S. ヴァルガは，セルバーグのテクニックを使うことにより，この数を，十分大きな数に対して 20 にまで落とした．最もよく知られた結果はイギリスの数学者 R. C. ヴォーガンによるものであり，彼は $c\leqq 7$ という評価を得た．ここで重要なポイントを指摘しておこう．それは，シュニレルマンの方法はすべての数に対する表現を得ることができるものの，「すべての数に対して」成立する定数 c_0 と「十分大きな数に対して」成立する定数 $c_0'\leqq 7$ とでは意味が異なるということである．つまり，ヴォーガンは「十分大きな数に対して」 $c_0'\leqq 7$ という結果を得たのであって，「すべての数に対して」は $c_0\leqq 27$ という結果を得た．シュニレルマンの結果では，古典的なゴール

文のうち，楕円体上の異なる測地線の数についてのポアンカレの問題の解決，多様体の概念の導入等々は，彼と L. A. リュステルニクに帰することができる．ソビエトの数学者たちは孤立を強いられていたわけだが，もしそれがなければ，彼はまさにフィールズ賞の候補になっていただろう．1930 年代には国際的レベルの若手の数学者の一群がソ連邦で育っていたのであって，A. N. コルモゴロフ，ポントリャーギンやゲルフォントの名前を挙げれば十分であろう．しかし，国際的な科学的紐帯の断絶が——彼らの責任ではないものの——時宜にかなった評価をさまたげていた．

ドバッハの問題である $c_0 \leq 3$ という評価を得ることができない．ヴィノグラドフによる結果は十分大きな数に対してのみ $c_0 \leq 4$ という評価を与える．

セルバーグの美しい解説，およびその解説に導かれる結果はゲルフォントと Yu. V. リニクの共著 [GL] に収められている．

フィールズ賞委員会で高く評価されたセルバーグの論文の中には 1942 年に発表された博士論文が含まれていた．これはリーマンゼータ関数の零点分布の問題に関するすばらしい定理を証明したものである．リーマン予想は $\zeta(s)$ ($s = \sigma + it$) のすべての零点が，自明なもの ($-2, \cdots, -2n, \cdots$) を除いて $\operatorname{Re} s = \frac{1}{2}$ に存在するという予想である．多数の卓越した数学者の努力にもかかわらず，この予想は現在まで証明されていない．もちろん，この問題が少しでも進展すれば，それは偉大な成果と見なされる．セルバーグの先行者たちの中には，アダマール，H. フォン・マンゴルト，E. ランダウ，ハーディーやリトルウッドといった有名な数学者がおり，1914 年にハーディーは直線 $\sigma = \frac{1}{2}$ 上に無限個の零点が存在することを証明し，リトルウッドは区間 $0 \leq t \leq T$ の中で直線 $\sigma = \frac{1}{2}$ 上の零点の数 $N_0(T)$ に関する評価式 $N_0(T) > \gamma T$ を構成した．ここで，$N_0(T)$ は区間 $0 \leq t \leq T$ に存在する奇数位数の零点の個数を表し，γ はある小さな定数を表す．マンゴルトは重要な帯 $0 < \sigma < 1$，$0 \leq t \leq T$ 内でゼータ関数の零点の数 $N(t)$ が漸近的に $N(t) \sim \frac{T}{2\pi} \log T$ で与えられることを証明した．セルバー

グは肝となる直線 $\sigma = \frac{1}{2}$ それ自身の上での零点の密度について,この種の評価式を得た.彼の結果 $N_0(T) > \gamma T \log T$ (γ はある小さな定数である) は30年後のアメリカの数学者 N. レヴィンソンが値 $\gamma = \frac{1}{3}$ を得るまで改良されなかった.

トレース公式と離散群.セルバーグを有名にしたのは解析的整数論の研究だけではなく,彼は整数論と他の数学の分野との思わぬ関係を明らかにした.離散群,保型形式,半単純リー群の表現論,ゼータ関数の理論,散乱理論などのように,互いに一見離れているかのように見える数学の領域が,セルバーグのアイディアによって結合できるようになった.その核をなすのはセルバーグが跡公式を証明した 1956 年の論文である.彼を跡公式に導いた研究のひとつは実解析的アイゼンシュタイン級数の研究であり,もうひとつは負曲率の対称空間 X 上で定義されたラプラス作用素のスペクトルを発見する研究である.

セルバーグの結果の基礎をなす群論的構成とはどのようなものか,ここで説明しよう.半単純リー群 G を空間 X に運動群として作用する群とし,Γ を商空間 $\Gamma \backslash G$ がコンパクトになるような離散部分群とする.$T(g) (g \in G)$ を,$\Gamma \backslash X$ 上の不変測度に関する2乗可積分関数から成るヒルベルト空間 $L^2(\Gamma \backslash X)$ に右移動として作用する G のユニタリ表現とする.表現 $T(g)$ は可約であるため,表現論の基本的な問題として $T(g)$ を既約成分に分解して各既約表現の重複度 N_k を特定する問題が生じる.作用素 $T(g)$ は無

限次元空間に作用するため，表現それ自身のかわりに以下の畳み込み作用素を考えると都合がよい．

$$T\varphi = \int \varphi(g) T(g) dg \qquad (18.3)$$

φ がコンパクト台を持つ関数であるとき，関数 φ について特定の自然な条件を仮定すると，作用素 $T\varphi$ は，その行列式の零空間の固有値の和として通常の意味でトレースが定義できる核作用素となり，以下の跡公式が成立する．

$$\int_{\Gamma \backslash X} \sum_{\gamma \in \Gamma} \varphi(g^{-1}\gamma g) dg = \sum_{k=1}^{\infty} N_k \int_G \varphi(g) \sigma_k(g) dg \quad (18.4)$$

ここで $\sigma_k(g)$ は $T(g)$ に現れる既約表現の指標であり，N_k はその表現が現れる重複度を表す．式(18.4)の左辺は以下の形式に直すことができる．

$$\sum \mathrm{vol}(\Gamma_\gamma \backslash G_\gamma) \int_{G/G_\gamma} \varphi(g^{-1}\gamma g) \qquad (18.5)$$

ここで和は群 Γ の共役類全体にわたって取る．なお，Γ_γ および G_γ は元 γ の Γ と G における中心化群を表し，$\mathrm{vol}(\Gamma_\gamma \backslash G_\gamma)$ は空間 $\Gamma_\gamma \backslash G_\gamma$ の不変測度に関する体積を表す．ここで積分 $\int \varphi(g^{-1}\gamma g) dg$ に対する明示的公式を得ることが大きな問題となる．

　セルバーグはいくつかの重要なクラスの対称空間（ランク1の空間）に対して作用素 $T\varphi$ の明示的なトレース公式を得た．これらの公式には，群 Γ の元の共役類上の和が一方で現れ，もう一方では X 上で定義された不変ラプラス作用素で群 G の表現空間として作用する固有関数たちが

現れる．重要なところでは，セルバーグのトレース公式は保型形式の空間の次元，アイゼンシュタイン級数の解析，多変数ゼータ関数の研究のほか，表現論や整数論の問題を研究する際に応用されており，実際，セルバーグは整数論の研究からかの有名な結果を得た．特に，ゼータ関数の零点に関する古典的なリーマン予想はトレース公式による解釈をすることができる．たとえば，セルバーグの公式に先行する公式として古典的なポアソンの和公式がある：

$$\sum_{n \in \mathbb{Z}} e^{in\varphi} = \sum_{m \in \mathbb{Z}} \delta(\varphi - 2\pi m). \qquad (18.6)$$

ポアソンの和公式を群論的観点から解析することは，初等的ではあるものの読者にとって非常に有用な演習問題であろう．ここで実数からなるアーベル群 $\mathbb{R}$ が G の役割を担い，その部分群である整数群 $\mathbb{Z}$ が Γ の役割を担う．公式 (18.6) とその一般化は物理，特に相転移の理論で特に重要である．(18.6) 型の公式により，イジングモデルのような統計物理のいくつかのモデルにおける相転移の点を探し出すことができる．

セルバーグは群 $G = SL(2, \mathbb{R})$ と $\Gamma = SL(2, \mathbb{Z})$ を考えることにより彼の公式を得た．群 $SL(2, \mathbb{R})$ の既約表現は双曲平面のラプラシアンの固有関数の空間として実現される．$SL(2, \mathbb{R})$ とその離散部分群に対するセルバーグの公式は，いくつか非常に興味深い問題を提起する．$SL(2, \mathbb{R})/SL(2, \mathbb{Z})$ はノンコンパクトであるが，有限の体積を持つことに注意しよう．この空間上でトレース公式を得ようと

すると，表現の作用素のスペクトルが連続部分を持つためコンパクトの場合よりはるかに難しいことがわかる．この問題に関連する別の問題として，性質 $\mathrm{vol}(\Gamma \backslash G) < \infty$ を持つ離散部分群 Γ の記述の問題がある．この性質を持つ群の中には，算術群という興味深い部分集合族があり，ヴェイユが $SL(2, \mathbb{R})$ の部分群について完全な記述を行った．例としては，$\Gamma = SL(2, \mathbb{Z})$，四元数群，そしてそれらの有限指数部分群がある．離散群の算術的性質は多変数の場合でも非常に重要である．セルバーグのトレース公式の応用については議論する余裕が本書にないため，読者は文献 [He1, He2, Ve] を参照されたい．

リー群の離散部分群の性質を研究する際，セルバーグはその構造に関して多数の重要な予想を述べたが，それらのいくつかは次世代の数学者によって証明された．この方向で主要な結果を得ているのはマルグリスであり，彼もまたフィールズ賞を受賞している．

クラウス・ロス

ディオファントス近似．ロスはトゥエ–ジーゲルの定理をより精緻にした微妙な評価式を証明し，1958 年にフィールズ賞を受賞した．トゥエ–ジーゲルの定理は有理数による代数的整数の近似（ディオファントス近似*）に関するも

---

* [訳注] 有理数による無理数の近似，代数的数による代数的数の近似，また代数的数による超越数の近似などの近似不等式は，「ディオファントス近似」と総称される．

のであり，彼が証明したのは以下の定理である．

定理 19.1（ロスの定理） α をそれ自身が有理数でない代数的整数とするとき，任意の $\nu > 2$ に対して不等式

$$\left|\frac{p}{q} - \alpha\right| < \frac{1}{q^\nu} \tag{19.1}$$

を満たす互いに素な整数 (p, q) の組は有限個しか存在しない．

この定理は，$\nu = 2$ の場合には成り立たないという意味で最良の結果である．ロスの結果から派生した重要な発展に，1970 年に W. M. シュミットにより得られた同時近似の広範囲の一般化があげられる．部分空間定理と名づけられたこの定理は，多次元の最良の結果を提示し，標準形の方程式が有限個の解を持つかという問題に解を与えている．ファルティングスと G. ヴュストホルツは代数幾何の文脈で近年この結果を深く拡張している．ちなみに，別の方向では，P. ヴォイタが代数幾何的アイディアとダイソンによるトゥエ－ジーゲルの世界の古典的結果を用いて，モーデル予想についてのファルティングスの有名な結果に対し新たな証明を与えた．ファルティングスはヴォイタの方法を拡張して，代数多様体（より正確にはアーベル多様体）のディオファントス近似の理論を構成した．

トゥラン－エルデシュ問題．別の論文においてロスは，1930 年にはすでに知られていた等差数列を含む数列についての P. トゥランとエルデシュの問題に取り組んでいる．

$\tau_k(n)$ を k 項の等差数列を含む正の整数列 $a_1 < a_2 < \cdots < a_\rho \leq n$ のうち最小の整数 ρ とする．トゥランとエルデシュは $\tau_k(n) = o(n)$ (すなわち n のオーダーである) であることを予想した．ロスは $k=3$ に対してトゥランとエルデシュの予想の証明を与えるという最初の実質的な結果を得た．最近になって，ハンガリーの数学者である E. セメレディが予想を完全に証明したが [Sze]．セメレディの結果はエルゴード理論の専門家の注目を引くことになった．H. フルステンバーグ，Y. カツネルソン，D. オルンシュタインがセメレディの定理の新しい証明を得て，その多次元の一般化も得ている [FKO]．

後者の証明は明らかに，$\tau_k(n)$ についての鋭い評価を与えはしない．$\tau_3(n)$ についてはロスと F. ベーレントの与えた以下の結果が長いこと最良のものとされた．

$$\frac{n}{e^{c_1 \sqrt{\log n}}} < \tau_3(n) < \frac{c_2 n}{\log \log n} \qquad (19.2)$$

セメレディは，ある小さい $\gamma > 0$ に対してよりよい上限 $\tau_3(n) < \dfrac{c_2 n}{(\log n)^\gamma}$ を後に得ている．

1966 年にロスは H. ハルバースタムと協力してモノグラフを出版しているが，特に組み合わせ論的問題やふるい法といった解析的整数論の初等的方法への導入としては，いまでも非常によいモノグラフである [HR]．

1965 年には巨大ふるいについての Yu. V. リニクと A. レニーの予想に対し，最適な結果を発見した．E. ボンビエ

リと A. I. ヴィノグラドフが引き続きこの研究分野を取り上げて，実りある結論を得ている．

アラン・ベイカー

対数1次形式．1970年のフィールズ賞受賞者であるベイカーの業績は，ハーディー，リトルウッド，ラマヌジャンといったケンブリッジの整数論学派の優秀なメンバーの業績を引き継ぐものである．ベイカーは代数的整数の対数1次形式の評価に関する強力な方法を開発した．数多くの古典的な問題に対して彼の仕事が及ぼした影響は計り知れない．初期の応用は，類数が1である虚2次体は9個だけであるか，というガウスの問題への解答である．ベイカーはゲルフォントとリニクにまで遡れる議論によりこの結果を得ている．注目すべきことに，K. ヘーグナーの論文に触発された H. スタークが同時期に他の証明を与えている．ベイカーの仕事に直接依拠している初期の成功例として，もう一つ，アーベル体のp進制御因子に関するレオポルト問題を J. アックスと A. ブルーマーが解決したことが挙げられる．しかし，最も深遠な応用を持ったのはとりわけディオファントス方程式論であった．ベイカーは最初に2次形式による整数表示についてのトゥエの定理を証明した．これとは別の方法で，彼は

$$x^3 - ay^3 = n \qquad (20.1)$$

型の特別なトゥエ方程式をすでに扱っていたが，その結

果，$n=1$ の場合にのみ完全な解を与えていた B. N. デローネ（1922 年）と T. ナゲル（1925 年）の古典的結果を著しく改善することになった．本論に戻ると，彼は対数形式によって，ディオファントス曲線の広い範囲のすべての整数点を理論的かつ実用的に決定できることを示した．ディオファントス曲線はモーデル方程式

$$y^2 = x^3 + k \tag{20.2}$$

により決定される曲線を含んでおり，実際楕円方程式や超楕円方程式を含んでいる．その後，ベイカーをはじめとする数学者たちが評価を精緻化することで，例外型ディオファントス方程式と命名された新しいクラスの例を効果的に解けるようになった．これらの例では，解の個数が有限であることすら分かっていなかったという意味で，非エフェクティブ*な理論すら存在しなかった．R. ティーデマンが証明したように，この新しいクラスはカタラン方程式

$$x^p - y^q = 1 \tag{20.3}$$

を含んでいるが，それは P. リベンボイムの最近の著作のテーマになっている［Ri］．

ベイカーの方法は，ヒルベルトの第 7 問題（α を代数的整数，β を無理数としたときの α^β の形の数の超越性に関す

---

* ［訳注］与えられた情報を用いて有限回の操作で有限時間内に具体的に計算可能なアルゴリズムが存在するときその方程式は「エフェクティブ」であるという．

るもの*）を解決へと導いたゲルフォント，C. ジーゲル，T. シュナイダーらの古典的研究に端を発している．ここでの主要な結果は以下のとおりである．

定理 20.1（ベイカーの定理） $\alpha_1, \cdots, \alpha_n$ を，$\log \alpha_1, \cdots, \log \alpha_n$ が有理数上で線形独立であるような零ではない代数的数とするとき，$1, \log \alpha_1, \cdots, \log \alpha_n$ はすべての代数的数体上で独立である．

この定理は主に代数群の文脈で一般化されてきた．複素関数論，クンマー理論，先に言及したモーデル予想に関するファルティングスの定理を含むディオファントス幾何の様々な側面との深遠な関連が発見されている．この分野において活発な研究がなされていることは疑いがなく，この分野をカバーする著作がベイカーとヴュストホルツにより現在準備中である**．初期の文献としては，T. N. ショレーとティーデマンの論文に収められている解説［Sho］やベイカーの全集［Ba］がある．

一意分解を持つ虚 2 次体の決定．ベイカーの 1966 年の論文は彼の卓越した業績のひとつであるが，この論文で解を与えた問題はガウスにまで遡れるものである．それは，素

---

* ［訳注］1900 年にパリで行われた国際数学者会議において，ヒルベルトは当時未解決だった 23 個の問題を挙げた．これはそのうちの 7 番目の問題で，「a が 0 でも 1 でもない代数的数で，b が代数的無理数であるとき，a^b は超越数であるか」というものである．

** ［訳注］2007 年に刊行された．［BW］参照．

因子への一意的分解（分解の順序を除く）の性質を持つような虚2次体 $Q(\sqrt{d})$ を決定せよ，という問題である．ここで $Q(\sqrt{d})$ は u および v を有理数としたとき $u+v\sqrt{d}$ の形の数の集合のことである．ベイカーはそのような体は9個に限ることを証明した（$d=-1, -2, -3, -7, -11, -19, -43, -67, -163$）．彼の証明は彼自身による超越数の理論に基づいているが，ベイカーとは独立に，H. スタークは楕円関数を用いて，同時期にこの結果に到達していた．しかしながら，実2次体の場合（$d>0$），この問題は未解決である．たとえば，無限にそのような体が存在するかどうかもわかっていない．

エンリコ・ボンビエリ

大きなふるい法．整数論研究者のリストとして挙げるべき最後の業績は，1974年のフィールズ賞受賞者であるボンビエリの論文である．ボンビエリは特に大きいふるいについて研究を行い，平均すると等差数列内の素数に関してリーマン予想が成立することを示す不等式を発見した．同時期に，A. I. ヴィノグラドフが独立に極めて似た結果を得ている．レニーの古典的業績から導かれるこの結果の応用として，すべての十分大きい整数は素数とたかだか三つの素因子を持つ数の和として表すことができるという結果がある．これは当時，ゴールドバッハ予想のもっともよい結果であった．後年，J. チェンが「三つの素因子」を「二つの素因子」に置き換える巧妙なアイディアを思いついた．詳細

な議論については [Da] を参照されたい．ボンビエリはトゥエ – ジーゲル – ロス法の実施に関する膨大な著作をものしている．

高次元ベルンシュタイン予想の解決．ボンビエリの業績は整数論にとどまるものではない．比類なく多才な数学者であるボンビエリは，代数的整数論，古典解析，代数幾何および準結晶で第一級の論文を多数著してきた．最初に，E. デ・ジョルジやE. ジュスティと1969年に得た，極小曲面論における S. N. ベルンシュタインの定理の多次元版の結果を議論しよう [BGG]．

ベルンシュタインの定理は長い歴史を持つ．1902年にベルンシュタインは $\mathbb{R}^3$ 内で零の平均曲率を持つ2次元の完備正則な曲面は平面であることを証明した．この結果は多次元でも成立するか，という予想が浮上し，1968年に J. サイモンズは7次元以下の次元に対して予想を証明した．しかしながら，$M^8 \subset \mathbb{R}^9$ ではこの定理は正しくない．

同じ論文でサイモンズは局所極小錐と呼ばれる，$\mathbb{R}^{2m}$ 内の局所極小曲面の別のクラスを特定した．サイモンズの錐は $\mathbb{R}^{2m}$ 内の以下の方程式系で定義される．

$$x_1^2 + \cdots + x_m^2 = x_{m+1}^2 + \cdots + x_{2m}^2 < r^2 \qquad (21.1)$$

これらは半径 r の球 S^{2m} 内にあり，$S_r^m \times S_r^m \subset S_{\sqrt{2}r}^{2m}$ の境界を持つ（ここで S_r^m は $\mathbb{R}^m$ 内の半径 r の球面を表す）．[BGG] で証明されたように，サイモンズの錐は $2m \geq 8$ で大域的に極小となる．証明の最終局面ではポアンカレ – ベ

ンディクソンの定理を巧妙に使ったエレガントな記述がみられる.

準結晶. 1984 年に準結晶が発見されると, ボンビエリは固体物理学に開かれた注目すべき可能性を即座に理解した([SBGC] 参照). 準結晶は, 位数 5 (正 20 面体群) の局所対称性を持つ物体であり, 通常の結晶と異なり平行不変を許さない, つまり並進対称性を持たない. 準結晶の発見により, R. ペンローズ, N.G. デ・ブルイン, R.M. ロビンソンなどの数学者による平面の準結晶タイリングに関する論文に新しい光が当てられ, おびただしい数の論文が発表された. そして平面や 3 次元空間 $\mathbb{R}^3$ 内の準結晶タイリングを構成する自然な方法は「切断して射影する」方法であることが示された. すなわち, 正則な n 次元 (平面の場合は $n=5$, $\mathbb{R}^3$ の場合は $n=6$) の格子の点を $\mathbb{R}^2$ または $\mathbb{R}^3$ の部分空間にそれぞれ「無理数的に」埋め込むのである (射影された先の格子のうち整数の座標を持つ点が原点だけになるように埋め込む).

J. テイラーとの共著論文である「準結晶, タイリングと代数的整数論」の中で, ボンビエリは準結晶の分類問題を整数論の問題に関連付けている [BT]. 彼らは, 基本胞を貼り合わせるための特別な局所的規則から出発することにより準結晶タイリングの構成問題を研究した. この論文の主要な結果は, 代数的整数 (ガロア理論の要素とピゾー数) の特別な性質を用いる構成と, 「切断と射影」法では得ることのできない準結晶である. ほぼ同時期に, 準結晶の分類

問題に興味を持つようになった S.P. ノヴィコフが，通常の結晶群の概念の非自明な一般化である準結晶群の概念を提唱した．彼の学生であった S. ピウニチンは 2 次元の準結晶群を完全に分類し，「切断と射影」法では得ることのできない準結晶タイリングの新しい例の構成に成功した．この問題を解くために，ピウニチンは代数的 K 理論の要素を応用した．数学者の予想しなかった全く新しい問題が，今後準結晶の理論から間違いなく出てくるであろう．

ジェス・ダグラス

極小曲面．数学者たちは常に，極小曲面の理論の古典的問題に解を与えることが，数学全般にわたるすばらしい功績になると考えて来た．ダグラスは，プラトー問題の解により最初のフィールズ賞を受賞した．1847 年の石鹸膜の実験により，ベルギーの物理学者である J. プラトーは極小曲面論という新しい研究領域を創始したものの，ダグラスと T. ラドーによる厳密な数学的証明が現れるまでに約 90 年の歳月を要したのである．ラドーの証明は，2 次元曲面の共形変換の性質に依拠している．ダグラスのより一般的な証明は，後年の研究にとって本質的なアイディアを含んでいた [Ra, Dou]．

プラトー問題の定式化はよく知られている．「与えられたジョルダン曲線 $\Gamma \subset \mathbb{R}^n$ に対して，Γ をその境界とする曲面で最小の面積を持つものが存在することを証明せよ」というものである．この問題は，境界 Γ が単に円である場

合には直観的に明らかであるが，たとえば絡み合った円のように複雑な曲線 Γ を考えると，解は自明ではない．W. フレミングは，絡み合った円をその境界とするような，位相的性質の異なる多数の極小曲面の系を構成することが可能であることを証明した（たとえば [L1] 参照）．しかしながら，プラトー問題の解が示唆するように，位相的性質が固定されれば（たとえば，単連結の曲面），面積が最小になるような曲面は一意的に決まる．

発表から 60 年後，ダグラスの論文はひも理論の発展を通して注目を浴びるようになった．イタリアの物理学者である T. レッジェは極小を与えるダグラス汎関数とひもの波動関数の基底状態との関連を指摘したのである．レッジェの構成に従って，技術的詳細を省きながらこの類似を説明することにしよう．曲面 S が単位円盤 $\mathcal{D} \subset \mathbb{R}^n$ に微分同相であり，曲線 Γ により囲まれている場合の一番単純なプラトー問題を考えよう．Γ のすべてのパラメータ付けを考える，すなわち，写像 $g : S^1 \longrightarrow \mathbb{R}^n$, $x = g(\sigma)$ となる写像すべてを考える．ここで，$0 \leq \sigma \leq 2\pi$ であり $g(0) = g(2\pi)$ である．

ダグラスは主に次の積分を研究した．

$$A(g) = \frac{1}{4\pi} \int_{S^1} \int_{S^1} \frac{|g(\sigma) - g(\theta)|^2}{\left(2 \sin \frac{1}{2}(\sigma - \theta)\right)^2} d\sigma\, d\theta. \quad (22.1)$$

被積分関数は簡単な幾何学的意味を持つ．すなわち，曲線 Γ 上の点間の弦の長さの 2 乗とそれらの S^1 内の逆像の点

間の弦の長さの 2 乗の比である．汎関数 $A(g)$ はある写像 g^* に対して最小を与える．関数 g^* をポアソンの公式

$$F(w) = \frac{1}{2\pi}\int_0^{2\pi} g(\theta)\frac{e^{i\theta}+w}{e^{i\theta}-w}d\theta + i\operatorname{Im} F(w), \quad w\in\mathcal{D}$$

により $\mathcal{D}$ の内部にまで拡張すれば，$x=\operatorname{Re} F(w)$ が得られる．この構成を行うことにより，

$$\sum_{i=1}^{n} F_i'^{2}(w) = 0 \tag{22.2}$$

を得る．1865 年には K. ワイエルシュトラスが早くも，条件 (22.2) が極小曲面 S^* を定めることを証明している．S^* の面積は $A(g^*)$ である．ひもの量子振動と関連づけるためには，$g(\sigma)$ をフーリエ級数に展開すればよい：

$$a_m = \frac{1}{2\pi}\int_{S^1} g(\theta)e^{-im\theta}d\theta. \tag{22.3}$$

この展開のもとで，汎関数 $A(g)$ は以下のように表される．

$$A(g) = 2\pi\sum_{m=1}^{\infty} m|a_m|^2 \tag{22.4}$$

波動関数 $\Psi=\exp(-A(g))$ はひものすべての自然な振動を含んでいる．この分析の物理的帰結はレッジェの論文 [Re] で与えられている．

ダグラスの定理の重要な部分は，$A(g)$ を最小にするパラメータ g^* が極小曲面も与えるという主張である．V. ギルマン，B. コスタント，S. スターンバーグは群 $SL(2,\mathbb{R})$ の作用に関して汎関数 $A(g)$ が不変になることを用いて，この主張の明解な証明を与えた [GKS]．

N. ヒッチンは極小曲面論と現代物理学をつなげる興味深い考察を行った．彼は，極小曲面に複素構造を導入することを前提とするワイエルシュトラスの条件は，ペンローズ・ツイスターの言葉による自然な解釈を許容すると述べた．

代　　　数

ジョン・トンプソン

　有限単純群の分類． 有限単純群の分類は数学の中でも古典的な問題である．現在，このトピックは完全に解決されているように見える．1970 年のフィールズ賞受賞者であるトンプソンはこの分類に重要な貢献を行った．

　先に進む前に，厳密な記述が可能な数学的言明の中でなぜ今「ように見える」という言葉を使ったのか，その点の説明が必要だろう．実は，有限群の理論の第一人者である D. ゴレンシュタインがこの言葉を用いたのである．それは数学の歴史の中ではむしろ異例な，有限単純群の分類問題に特有の事情による．

　分類の完全性の証明に関する論文は，合わせて 5000 ページにも及ぶ．中にはコンピュータを用いて得られた結果も含まれているため，さらに徹底的に理解しようとすると，同じページ数くらいの補足が必要である．証明の検証自体が難しい問題で，部分的な説明はゴレンシュタインの著作 [Gor] に与えられているが，詳細な説明は他の二つの

著作で展開されている．

有限単純群の分類は，たとえば単純リー環の分類に比べて，はるかに複雑である．有限群の中には 26 個の例外群が存在し，それらの位数は非常に大きい．たとえば，「モンスター」あるいは「フレンドリー・ジャイアント」としても知られる極大散在群であるフィッシャー–グリース群の位数は

$$2^{46} \cdot 3^{20} \cdot 5^9 \cdot 7^6 \cdot 11^2 \cdot 13^2 \cdot 17 \cdot 19 \cdot 23 \cdot 29 \cdot 31 \cdot 41 \cdot 47 \cdot 59 \cdot 71 \sim 10^{54}$$
(23.1)

である．この群は 196,883 次元の非結合的ではあるが可換なある種の代数の自己同型群として実現することもできる．近年の素晴らしい発見のなかにはこの群と関連するものがあるが，それは後で議論しよう（183 ページ参照）．

有限単純群は，リー型，すなわち有限次数体上のリー群の類似か，交代群 A_n（$n \geq 5$）か，あるいは例外（散在）群のいずれかである．散在群が単純であることを証明するには特別な技術が必要で，その分類は完了しているが，そこに至る前段階の行程も一筋縄ではいかないものだった．その行程とは単純群の構造に関するいくつもの定理を証明することで，有限単純群の構造にある共通の規則性を探す方法がこれらの定理によって得られるのである．トンプソンの得た結果は，この方向性の研究のなかでもきわめて重要なもので，彼は W. ファイトとの共著論文で，すべての非アーベル単純群が偶数位数であることを証明した［FT］．

無限次元リー代数との関連．トンプソンがこれまでに書い

た論文は有限群のすべての主題をカバーしており，彼は今でもこの方面で精力的に研究を続けている．トンプソンが提起した問題の一つは最近ボンビエリによって解決された．

有限単純群の理論は，主にフィッシャー‐グリース群の研究と関連して発展してきたものである．トンプソンと J. マッケイはモンスターの表現の次数はデデキントのエータ関数により定義されるモジュラー関数 $J(\tau)$ と単純リー代数 E_8 の重み付き格子のテータ関数の展開係数であることを発見した．この考察はフィッシャー‐グリース群やそれと並行して発展してきた無限次元リー代数の研究に直接結び付く．特に I. マクドナルドや V. カッツを含む多数の数学者の業績により，無限次元リー代数の表現の次元とエータ関数の等式の間の関係が発見された [Kac]．ひも理論，物理学の 2 次元共形場理論，リーチ格子の分類，暗号理論等々，遠く離れているように見えた領域に対する，全く予期できなかった結果や応用をもつ新しい数学の領域が勃興したのである．これらの結果については，最近出版された 2 冊の快著 [FLM, CS] を参照されたい．

フィールズ賞受賞者の論文を読むときに絶えず遭遇する難しさは，数学の伝統的な領域のどこにその論文を当てはめたらよいかということである．過去 30 年で数学の相貌はあまりにも変わってしまった．たとえば，マルグリスや D. キレンの論文は数学のどの分野に当てはめたらよいのだろうか？

その他

グレゴリー・アレクサンドロヴィッチ・マルグリス

セルバーグ予想の解決. マルグリスの最も重要な業績は離散群のある種のクラスが算術的であるというセルバーグ予想の証明である. 予想はかなり簡単に定式化できるものの, その証明は代数群の技巧的なテクニックを必要とし, 乗法的エルゴード定理や擬共形写像の理論その他を用いる. ヘルシンキ会議での表彰の際, フランスの数学者である J. ティッツは次のように述べている. 「マルグリスの論文に関するセミナーを行った一年の間に, それ以前に学んだ数学より多くのことを私は学んだ」.

離散群はリーマン面の理論に密接に関連している. F. クラインとポアンカレは 1 より大きい種数のリーマン面の研究は, 上半平面 $\text{Im} z>0$ に一次分数変換 $z \longmapsto \dfrac{az+b}{cz+d}$ として作用する群 $SL(2, \mathbf{R})$ の離散部分群 (ユニモジュラー群 $SL(2, \mathbf{Z})$) の研究に還元できることを発見した. 離散部分群 $\Gamma = SL(2, \mathbf{Z})$ は行列 $SL(2, \mathbf{R})$ の中で整数の係数を持つ部分群である. 他の $SL(2, \mathbf{R})$ の離散部分群は $SL(2, \mathbf{Z})$ の有限指数の部分群である. よく知られているように, 種数 $g>1$ のすべてのリーマン面は, コンパクトでも非コンパクトでも, Γ_n について $SL(2, \mathbf{R})$ の商を取ることにより得られる. ここで Γ_n は $SL(2, \mathbf{Z})$ の離散部分群である.

2 次元の理論は多次元の場合にいろいろな方向に拡張で

きるが，ひとつの自然な拡張として，「空間 $SL(n, \mathbb{R})/\Gamma$ が（与えられた不変測度に対して）有限体積を持つような $SL(n, \mathbb{R})$ の離散部分群をすべて記述せよ」という問題を考えることができる．C. エルミートは $SL(n, \mathbb{R})/SL(n, \mathbb{Z})$ が有限体積を持つことを証明した．代数的整数論の微妙な事実の多くはこのタイプの一般的定理に還元できる．ここで正確な定義を与えることは控えるが，離散部分群 Γ_n とはいわゆる算術的部分群*の重要な例であることを注意しておこう．

半単純リー群 G の算術的部分群は $\mu(G/\Gamma)<\infty$ という性質を持つ．ここで μ は不変測度に関する G/Γ の体積である．マルグリスは群の階数に関するある種の条件のもと ($\mathrm{rk}\, G \geq 2$)，その逆も真であることを証明した——つまり，$\mu(G/\Gamma)<\infty$ となるすべての離散部分群 Γ は算術的である．この結果の様々な一般化や美しい系が，離散群の理論や関連する数学の領域で，近年多数の数学者たちによって得られている．この業績はマルグリスの定理の深遠さを裏付けている．

マルグリスはエルゴード理論や葉層理論といった領域でもいくつかの美しい結果に到達している．マルグリスの論文は彼の類まれなオリジナリティを示している．幅広い数

---

* ［訳注］G が有理数体 $\mathbb{Q}$ 上定義された実線形代数群 $G \subset GL(n, \mathbb{R})$ のとき，成分を有理整数に限って得られる部分群 $G_\mathbb{Z} = G \cap GL(n, \mathbb{Z})$ またはそれと可約的な部分群 Γ を「算術的部分群」という．

学の分野からヒントを得ながら，彼は考えうる最も単純な順路でゴールにたどり着くのである．

算術部分群の定理を証明する際の中心的な定理のひとつは，完全な証明が現れる何年か前に発表されたが，この領域の多数の第一人者たちがいくら努力しても，その結果は独立に再現することはできなかった．マルグリスの原証明は非常に単純であり，しかも専門家にとっては予期できないものであった [Marg1]．

最近，マルグリスは他の数学の領域や，ときには予期せぬ数学の領域で離散群の性質を調べている．たとえば，彼はアファイン空間に不連続に作用する運動群の構造に関するミルナーの予想を否定的に解決した．そのような群はつねに可解的（多環的）であると信じられてきたが，マルグリスは反例を構成したのである．また離散群とエルゴード理論を組み合わせることにより，彼は数の幾何学に関する古い問題である不定 2 次形式による数の表示の問題を 1986 年に解決した [Marg2]．

ダニエル・キレン

1978 年のフィールズ賞受賞者であるキレンは代数と代数トポロジーの第一人者である．彼の業績を専門家以外が近づきやすい形で簡潔にまとめるのは極めて難しい．キレンの素晴らしい業績の一つは，代数関数環上の射影加群の構造に関するセール予想の証明である．同時期に，レニングラードの数学者である A. A. ススリンがこの結果を独立

に得ていた．急速に発展するソビエト——現在はロシアとなった——の実情を伝えるのは容易なことではない．本書初版の執筆当時，ススリンはレニングラードに住んでいるソビエト数学者であったが，ソビエト連邦は現在崩壊し，ススリンはアメリカ合衆国のノースウェスタン大学に勤務しながらステクロフ数学研究所に在籍している．

セール予想．J. P. セールは 1955 年，今では古典となっている論文［S4］でセール予想と呼ばれる予想を述べた．この論文はホモロジー代数を精力的に代数多様体の研究に適用した最初の論文である．

定理 25.1（セール予想） 多項式環上の任意の射影加群は自由加群である．

この主張はベクトル束の比喩を用いると直観的に理解することができる．ここではアティヤーの提案した例を借りて説明してみよう．ねじれのある（無限に広がっている）円柱として表されるメビウスの帯 M を考えよう．M は基本円 S^1 のパラメータ θ によりパラメータ付けられた直線族 M_θ として考えることができる．各直線は 1 次元ベクトル空間を成すが，そこには自然な基底を選択する方法がない．

一方，M に対する法線は S^1 上の線型束 $M^\perp$ の類似を成す．直和 $M + M^\perp$ は S^1 上の 2 次元ベクトル束である．これは $\mathbb{R}^3$ に埋め込まれたメビウスの帯の真ん中の線 l に対する法束として見ることができる．l は通常の円であるの

で，その法束は自明束であり，したがってそこでは大域的な基底を導入することができる．すなわち，S^1 上の非自明な 1 次元束 M を自明な 2 次元束の直和成分として記述することができる．セール予想の本質は，係数体の類似である多項式環を適当に選ぶことにより，（非自明ベクトル束である）射影加群が自由加群になること，つまり大域基底を導入することができる点にある．

同様によく知られた発展により，キレンは位相的 K 理論における F. アダムズの予想を証明した．この結果は異なる手法により D. サリヴァンによっても同時期に得られていた．

高次元代数的 K 理論. キレンの結果はすべて，代数的 K 理論の構成の文脈に落とすことができる．彼は，グロタンディークの K 理論を純粋に代数的状況に移転することにより，代数や数論の多数の基本的問題を解決した．キレンはグロタンディーク群の高次元の類似の構成という代数的 K 理論の問題も解決している．

キレンの最近の論文［Q］はリーマン面のモジュライ上の線型正則束の計量の表示を扱っている．この結果はひも理論における現代の研究で重要である．この理論ではモジュライ空間上の積分が統計的和，相関関数やその他この理論で基本的な対象を計算する際に現れる．

ローラン・シュワルツ

数学を応用する人々にとって，数学とは解析のこととま

ず考えられている．しかし，フィールズ賞受賞者のリストには解析学者は比較的少ない．微分方程式の専門家であるヘルマンダーの他には，受賞者はシュワルツと C. フェファーマンだけである．

超関数の理論． 1950 年の受賞者であるシュワルツは，一般化関数（超関数）の理論の業績によりフィールズ賞を受賞した．一般化関数の理論はアダマール，M. リース，N. M. ギュンター，S. L. ソボレフやディラックに端を発する*．その最終形や広範な応用はシュワルツに帰することができるだろう．

シュワルツは超関数をテスト関数上の汎関数として考えた．この意味で彼のアプローチはディラックの定義と密接に関連している．このような技術は，積分，微分，フーリエ変換といった超関数の理論の基本的な問題を統一的な観点から説明することを可能にした．デュドネによる適切な表現によれば，ライプニッツやニュートンが微分や積分を発見することなく微積分学のシステムを考案したように，シュワルツは一般化関数の微積分学を構築したということができる．彼の『超関数の理論』（*Théorie des distributions*, 全 2 巻, 1950 年）は，ゲルファントの『一般化関数』

---

* 近年明らかになったように，ディラックのデルタ関数は 19 世紀末のヘヴィサイドの仕事にすでに現れていた．この仕事に対する純粋数学者たちの反応に示されたアイディアのいくつかは，ハーディーの『発散級数』（*Divergent Series*, 1949 年）の中に垣間見える．

(*Generalized Functions*，全 6 巻，1964-1990 年）とともに関数解析の専門家のバイブルとなった．核空間や複素多様体の理論でのシュワルツの他の注目すべき業績は超関数の理論に関する論文によりかすんでしまった．悲しいことに，本当の頂点を極めてしまった人たちの多くはそのようになってしまうのである．

ラース・ヘルマンダー

線形偏微分方程式論． 1962 年のフィールズ賞はヘルマンダーに与えられた．受賞時点までに彼が研究してきた重要なトピックの中には，彼自身により構築された線形偏微分方程式の一般理論がある．微分作用素 P の係数の滑らかさと解の滑らかさの関係は微分方程式の理論の中でも重要なテーマである．このタイプのひとつの定理はコーシー–コワレフスカヤの定理であり，それはすべての教科書に載っている．これより厄介なのは，

$$Pu = 0 \implies u \text{ は解析関数} \qquad (27.1)$$

が成り立つような，解析関数のみを解として持つ微分作用素のクラスを記述する問題であった．

ヒルベルトはパリで開かれた 1900 年の国際数学者会議で提起した問題の一つとしてこの問題を挙げているが，1940 年代に I. G. ペトロフスキーが，ヒルベルトが述べたまさにその形で問題を解決した．ペトロフスキーは他にも偏微分方程式論の一般的な結果を多数証明した．特に，彼

は解析的係数を持つ非線形な楕円型方程式系の解は解析的であることを証明し，線形作用素の族の一般論を構築する問題を提起した．ヘルマンダーが構築したのはこの理論である．

ヘルマンダーは

$$Pu = 0 \implies u \in C^\infty \qquad (27.2)$$

という性質を持つ微分作用素 P のクラスを記述することによりペトロフスキーの理論を拡張し，続いて「準楕円型」と呼ばれる新しい作用素のクラスを特定した．問題(27.2)の解は『超関数の理論』でシュワルツが提起した問題に対する解答となるものだった．ヘルマンダーの後期の仕事は，擬微分作用素の理論に関するものであり，そこでもまた基本的な結果を導出している．微分作用素に関する彼の4巻本の著作 [Hö] はこの分野の百科事典的な解説である．

チャールズ・フェファーマン

マルチプライヤー問題の解決． 1978年のフィールズ賞受賞者のフェファーマンは解析の古典的問題の研究を蘇らせたことで知られている．彼はハーディー空間の双対問題を解決し，多変数関数のフーリエ級数の収束を研究することにより，実解析と複素解析で強い結果を得た．これらの問題で，彼は球に関するマルチプライヤー問題を解決した [Fe].

$L^p(\mathbb{R}^n)$ 内の作用素 T を関係式

$$\widehat{Tf}(x) = \chi_B(x)\hat{f}(x) \qquad (28.1)$$

で定義する．ここで χ_B は単位球の特性関数であり，^ はフーリエ変換を意味する．作用素 T は $L^p(\mathbb{R}^n)$ のノルムで有界だろうか？ 球が立方体に置き換えられた場合に作用素 T が有界であることは早くに証明されていた．したがって，球に対してフェファーマンの結果「作用素 T は $n>1$ なら $L^2(\mathbb{R}^n)$ でのみ有界である」は全く驚くべきものであった．

フェファーマンの証明は A. ベシコヴィッチの美しい古典的構成を巧みに用いているが，ここで読者のためにベシコヴィッチの結果をおさらいしておこう．1917 年に日本の数学者掛谷宗一は，「長さ 1 の線分がその図形の中で完全に回転できるような図形のクラスの中で，何がもっとも面積が小さい図形か？」という問題を提起した．ベシコヴィッチが 1928 年に得た解答は，そのような図形の面積は任意に小さくすることができる，という驚くべきものであった．その後，$\mathbb{R}^n$ ($n\geq 2$) の領域に対するそのような集合の類似物の構成が関数論の問題，特に振動積分を評価するブルガンの仕事において，欠かせないものとなった．

双正則領域． 双正則領域の分類に関するフェファーマンの論文もまた非常に興味深い．この仕事はベルグマン核の厳密な評価の上に成り立っている．フェファーマンは実解析と複素解析の方法の調和の取れた混合を提示している．

実超球面と複素多様体について彼が得た結果は特に美しい.

アラン・コンヌ

作用素環. 1983 年のフィールズ賞受賞者であるコンヌの業績は少し手を伸ばせば関数解析に届くものである. 彼の主要な業績は J. フォン・ノイマンにより創設された作用素環論である. 1930 年代および 1940 年代にフォン・ノイマンと F. マレーは因子論の基礎を築いた.

量子力学の交換関係に端を発するこの理論の基礎的命題は以下のように定式化される. A をヒルベルト空間 H に作用する作用素環とし, A^* を A と可換な作用素環とする. 環 A と A^* は $A \cap A^* = \{\lambda E\}$ を満たすとき因子と呼ばれる. ここで E は恒等作用素である. 有限次元の場合, 環 A は $\mathbb{R}^n$ に作用する行列環と同型である. この結果はシューアの補題から従う. 次元 n は因子 A の唯一の不変量である.

無限次元の場合, 比べものにならないくらい複雑な状況が介在する. マレーとフォン・ノイマンは相対次元 (Δ) の概念を導入したが, それは無限次元因子を分類することを可能にする. すでに言及したタイプ (タイプ I と呼ばれる) に加えて, タイプ II とタイプ III と呼ばれるクラスが存在する. タイプ II は二つのサブクラス II$_1$ と II$_\infty$ に分けられる. II$_1$ の場合, Δ は有限区間 $[0, \lambda]$ の任意の値を取りうる. II$_\infty$ の場合 Δ はたった二つの値, 0 と ∞ しか取りえな

い．フォン・ノイマンとマレーの論文の後30年の間，因子論の進展は全くなかったが，1960年代になって状況は変化した．多くの数学者が因子IIと因子IIIの分類の進展に貢献したのである．特に，1967年，R.パワーズは対になっているタイプIIIの非同型因子の連続的族を構成した．コンヌはタイプIIIを完全に分類し，フォン・ノイマンの基礎的論文で提起された因子論の問題の一群を完全に解決した．彼はまた，この理論の新しい予期せぬ応用を見つけた．

非可換幾何学． コンヌは，非可換微分幾何学という前途有望な新しい研究領域で主導的役割を果たしているが，彼の論文に関連して，いくつかの一般的な注意をしておきたい．因子論におけるフォン・ノイマンとマレーの論文の運命は大変数奇なものである．論文の本文から読み取れるように，この論文はフォン・ノイマンの量子力学に対する深い興味から書かれたものであって，そこでは因子が量子場の理論や統計物理に応用されることが想定されている．しかし，極めて不自然で体裁を欠く応用はいくつかあるものの，それ以外の応用はまだ行われていない．

場の理論の最近の進展，特に2次元の共形場の理論によって，この状況は変わるかもしれない．この希望は近年のとある発見により，確かなものとなってきている．V.ジョーンズは多項式型の結び目不変量の新しいクラスを構成したことで場の理論の発展に貢献している．ジョーンズ多項式は，1920年代から知られていて結び目理論のいくつかの基本的問題を解決する基礎を提供したアレクサンダー不

変量とは異なっている．おそらく，結果そのものに劣らず注目すべきなのは，そのような不変量を構成する方法である．ジョーンズ多項式は組みひも群やタイプII_1の因子を生成するヘッケ環と密接に関連しているが，それに加えて，そのような代数は統計物理学の多数のモデルで現れている．ジョーンズの論文のすぐ後に，完全に可解な統計モデルにより定義された一連の新しい多項式不変量が得られた．この研究分野で，数学者は現在，位相的問題，場の理論的問題，群の問題の間にある大量の予期せぬ関係を発見しつつあり，E. ウィッテン［Wi2］は近年，場の理論的方法による結び目理論を構成する魅力的なアプローチを展開した．

このテーマから離れる前に，共形理論の分類とジョーンズ理論の因子とが比較されたときに明らかとなる驚くべき結果を指摘しておきたい．両者を特徴づける数——前者の場合は中心電荷で，後者の場合は因子指数——はほとんど等しいのである［BPZ, J1］．

コンヌの非可換微分幾何学の仕事は，最近超ひもモデルに応用され，関連づけが行われている．ウィッテンはこれらの微妙な結果を，超ひもに対するラグランジアンを導出する際に適用している．非可換代数幾何を固体物理学に応用する他の研究過程において，J. ベリサードは量子ホール効果を説明しようとしている［Be］．コンヌもまた物理学への応用を研究している．彼は情熱をもって，点集合としてではなく，非可換空間として表される物理的時空間の概

念を展開している［Con］．

このように，非常に抽象的な数学的構造を適用する際に予見不可能な方向性をとることは，E. P. ウィグナーの言う「自然科学における数学の不合理な効率性」を証明していると言える．

ポール・コーエン

連続体仮説の解決． 数学的論理へのコーエンの貢献——連続体仮説の解決——は並大抵のものではない．連続体仮説とは G. カントールが 1878 年に述べたものであり，後年の定式化では「可算濃度を持つ集合と連続濃度を持つ集合の間に中間的な濃度を持つ集合は存在しない」という形で言うことができる．1884 年の『数学年報』では，「続く」という結語で，カントールは次の論文で連続体仮説を証明することを計画していた．しかしながら計画されていた論文は発表されることはなかったため，フェルマーの最終定理の「証明」と同じ運命を辿ることになった*．

多数の試みにもかかわらず，何世代もの数学者が連続体仮説を証明することも，また反証することもできなかったが，1938 年から 1940 年にかけて，K. ゲーデルはこの問題に関連して卓越した結果を得た．彼は，連続体仮説は選択公理を含んだ集合論の公理と整合的であることを証明した

＊ 300 年にわたるフェルマーの最終定理の歴史は，プリンストン大学の A. ワイルズが証明に成功したことでその幕を閉じた．［RS］，［Fal］，［Po］，［Wil］参照．

のである．最終的に，1963 年にコーエンは連続体仮説は集合論の公理から導くことはできないことを証明した．ゲーデルの不完全性定理のように，この基本結果は科学・哲学の両方で重要な意味を持つものである．

コーエンは幅広い興味を持つ数学者であり，1962 年のストックホルムでの国際数学者会議では調和解析を論じた論文をものしている．とは言え，彼の主要な業績は連続体仮説に関わるものである．

本書での解説は簡潔で表面的なものにならざるを得ないが，コーエンの受賞論文は過去 50 年にわたる数学の進展を印象的な像で浮き彫りにしてくれる．

フィールズ賞受賞者の運命をたどっていくと，賞の創設者のアイディアが極めて先見性に富んだものであったことがわかる．受賞者たちの多くは現在もなお存命であるし，受賞後にも重要な結果を得続けて，その分野では権威と見なされている人もいる．研究分野を変えた数学者もたくさんいるが，彼らは自分にとって新しい分野においてすら重要な結果を挙げている．たとえば，トムはカタストロフィーの理論を創設したが，それは力学，物理，生態学その他に重要な応用を持っている．S. P. ノヴィコフは非線形方程式論と一般相対論の研究を取り上げた．スメールは経済学と計算数学で仕事をしてきた．

近年は，他の著名な国際的な数学の賞が現れた．それら

の賞の寿命を論じたり，フィールズ賞と比較したりすることは今はまだ難しい．いちばん重要な賞であるウォルフ賞は，フィールズ賞とは異なる基準に基づいており [Za]，それは偉大な数学者の経歴を称えるものである（受賞者のリストを一見するかぎりはそうである）．ウォルフ賞の受賞者の中には，セルバーグ，アールフォルス，小平，ミルナー，ヘルマンダー，トンプソンがいる．フィールズ賞がノーベル賞と比較できるか否かはさておき，若手を表彰するというフィールズの幸福なアイディアは完全な成功をもって受け入れられてきたのである．

第 2 部

1990 年以降

1990 年の受賞者

　新しいフィールズ賞受賞者が 1990 年の夏，京都での会議で発表された．受賞したのは，ドリンフェルト，ジョーンズ，森重文そしてウィッテンであった．彼らは全員数学界ではよく知られた存在であったし，まさに受賞の栄誉にふさわしい人たちであった．唯一前例がなかったのは，フィールズ賞が物理学で教育を受け，かつ論文のスタイルが物理である人物——すなわちウィッテン——に初めて与えられたことである．彼に栄誉を与えることで，数学界は現代数学における物理的アイディアの洞察力と手法の比類なき重要性を認識したことになる．受賞者であるジョーンズやドリンフェルトの最近の論文もまた数理物理（または別の見方をすれば，物理数学）にかなり関連している．これら 3 人の研究者が得た結果の多くは密接な関連性を持っているため，1990 年の受賞者の業績の解説を森重文から始めることにしたい．彼の業績は残りの 3 人の業績と比べると，いくぶん関連性が薄いものである．

森重文

　森は代数幾何を専門にし，小平と広中という2人のフィールズ賞受賞者を輩出している日本の卓越した代数幾何学派の伝統を引き継いだ数学者である．森のもっとも素晴らしい業績は3次元以上の複素代数多様体の分類問題に関するものである．

　森の結果をできるだけ簡潔に表現するため，低次元の代数多様体論から解説を行うことにしよう．代数多様体は

$$f_1(x_1,\cdots,x_n) = 0,$$
$$\cdots\cdots\cdots\cdots$$
$$f_s(x_1,\cdots,x_n) = 0, \tag{31.1}$$

の形の代数方程式の系により定義される．ここで，f_iたちはn変数多項式である．もし，f_iが同次多項式なら代数多様体は射影空間（CP^n, RP^n）の部分多様体として見ることができる．この場合それらは射影代数多様体と呼ばれる．座標$(x_1,\cdots,x_n)$が属する係数体Fにより，実数，複素数，有理数または有限体上の代数多様体を考えることができる．

　1次元の場合． 1次元複素代数曲線の分類はコンパクトなリーマン面の分類問題に同値である．対応する（ユニークな）離散的な位相不変量は種数g，リーマン面の「把手の数」である．リーマン面のサイクル上の正則形式の積分で定義される連続不変量（モジュライ）もある．

　不思議なことに，代数曲線の一般的性質の研究は，曲線

の種数 g に応じた以下のクラスへの分類を導く．

(1) $g=0$ の曲線．
(2) $g=1$ の曲線．
(3) $g\geqq 2$ の曲線．

幾何学的な類似物はそれぞれ球面，トーラス，$g\geqq 2$ のリーマン面である．著しい整合性のもと，代数曲線に対する一般的な代数的・算術的な定理はこれらの三つのクラスに正確に分割される．代数曲線上の有理数の数に関するモーデル予想の証明はこのタイプの最も直近の例である．

2次元の場合． 2次元複素代数曲面の分類は比較にならないほど難しい．そこでは著しく大きい数の可能性が存在し，問題はまだ完全に解決されていない．ただし，ある種の分類方法は存在する．

代数曲線とは対照的に，すべてのコンパクト複素曲面は代数的ではない．そのような曲面の例は，特に選ばれた格子に対する2次元の複素トーラスとして得られる．複素解析の方法はこの問題ではいまだに有用である．

代数多様体上の正則形式の研究にあたり，小平は代数曲線の精神で2次元代数曲面の分類を行える不変量を導入した．小平次元 κ と呼ばれるこの不変量は高次元の正則形式のふるまいにより決定される曲面の多重種数と関連している．

小平次元を導入すると代数曲線と同種の曲面を分類しやすくなるが，その分類は完成からはほど遠いものである．

この美しい分類の詳細をここで述べることはできないが，「ネアンデルタール人の算数」，すなわち「0, 1, たくさん」の原理が働くことを注意しておこう．

小平の分類は $\kappa=2$ の一般型と $\kappa=-1, 0, 1$ の特別な場合の曲面も含んでいる．

1880 年代から 1930 年代にかけて，代数幾何のイタリア学派は複素曲面の分類についてほとんどの結果を得ていた．この学派には L. クレモナ，E. ベルティーニ，F. エンリケス，G. カステルヌオーボ，そして F. セヴェリといった数学者がいた．

20 世紀の初頭に，エンリケスは特別なタイプのすべての曲面を分類していた．しかし，イタリアの幾何学者たちの名人芸的な解析を健全な代数的基礎のもとに置くには，あと 50 年もの代数・位相・代数幾何の進展を必要とした．R. デデキント，H. ウェーバー，クンマー，L. クロネッカー，ヒルベルト，M. ネーター，E. ネーターおよびその他の数学者たちがこの仕事に対する基礎を築いた．

層，スキーム，K 関手といった新しい概念の導入に関連した，戦後世代による代数幾何の進展は見られたものの，古典的な分野の進展はゆっくりであった．

3 次元における森の貢献．代数曲線や代数曲面のエンリケス–小平理論と一致する多次元の代数多様体を合理的に分類するという問題は解決困難に思われていた．このため 1970〜80 年代の森の論文は数学者たちの不意を衝くものであった．新しい概念を多数導入することにより，彼は小

平による3次元の射影代数多様体の分類を拡張した．ごく簡単に言うと，森の分類方法は以下の操作列と考えることができる．

X を射影代数多様体としよう．X 上の曲線のホモロジー群 $H_2(X, \mathbb{R})$ の正の線形結合の集合を $C(X)$ とすると，$C(X)$ を X の錐として導入できる．集合 $C(X)$ は $H_2(X, \mathbb{R})$ の錐を形成する．森は，端射線からなる有理曲線の特別な基底がこの錐と X の標準因子の1次元チャーン類をもって負の交わりを生成することを証明した．極値曲線に沿った収縮を行い，小平手術を使うことにより，森は射影3次元多様体のすべての極小モデルを導出した．衝撃的なのは，基本定理の証明の際に彼は複素数体から正標数体へ移っていることである．純粋な複素代数幾何学の文脈ではこの定理の証明はまだ存在しない．森が展開した方法は多数の応用があり，すでに高次元代数幾何学で多数の興味深い結果をもたらしている．彼のアイディアはこの分野のすべての基礎にとって非常に重要である．

彼の業績の一つの系は，エンリケス–小平分類定理の新しい，透明な証明である．3次元の代数多様体の研究も別のトピックである．森の論文は，グロタンディーク時代の代数幾何構造に，代数幾何の黄金時代を担った数学者たちの持っていた幾何学的直観や解析技巧を見事に結び付けたものである．

物理学への応用．最後に，彼の結果の物理学への応用について一言述べておこう．特にひも理論や共形場理論とい

った分野の現代理論物理学は，驚くべき速さで最新の数学的到達を吸収している．もっとも予期せぬ応用が現在可能になっているが，ここでは二つの領域について言及することにしよう．一つは，ひも理論の付加的な自由度をコンパクト化する際に浮上する問題である n 次元（特に 3 次元）の複素多様体の分類である．もう一つの問題は完全可積分な力学系と代数多様体のモジュライの間の関連を見つけ出すことである．

ウラジーミル・ゲルショノヴィッチ・ドリンフェルト

$GL(2)$ に対するラングランズ予想．アルファベット順を破り，むしろ話の内在的論理にしたがって，代数幾何学者の育ちでマニンの弟子であるドリンフェルトの論文を概観することにしよう．彼の最初の論文群は，関数体上で定義された群 $GL(2)$ に対するラングランズ予想の証明という，非可換類体論の重要な問題の解決を扱ったものであり，彼に国際的な名声をもたらした [Dr1]．非可換類体論は，大域体や局所体のアーベル拡大の理論である古典的な類体論の自然な拡張であり，現代の代数的整数論の中心テーマである．

大域体は，有理数体の有限次拡大として見なせる数体や，有限体上の 1 次元の有理関数体の有限次拡大である有理関数体を含んでいる．局所体は大域体の完備化であり，アーベル拡大はアーベル群を伴ったガロア拡大である．アーベル的類体論は基本的にガロア群 $\mathrm{Gal}(K^s/K)$ のアーベ

ル商を記述しようとする．ここで K は局所体または大域体であり K^s はその分離閉包である．E. アルティン，デデキント，ガウス，ヒルベルト，クロネッカー，クンマー，ラグランジュ，高木貞治やヴェイユといった 19 世紀，20 世紀の著名な数学者たちが幾世代にもわたりこの問題を解いてきた．

体 K の円分拡大を記述した，ラグランジュとクンマーが行った最初のステップをおさえれば，この理論の十分な威力を理解することができるだろう．

定理 32.1（ラグランジュ-クンマーの定理） 体 K が単位元 γ の原始 n 乗根を含むとき，K 上の次数 n のすべての円分拡大はある δ についての $\sqrt{\delta}$ により生成される．

数論の基本問題は，たとえば代数体上のゼータ関数の零点の分布の研究といったように，ある程度類体論に関連している．古典理論へのもっともとっつきやすい導入はワイルの著作［We］である．

この著作を読めば，完全ガロア群 $\mathrm{Gal}(K^s/K)$ の記述を非可換の場合へ移すときの困難さが容易に想像できる．ラングランズは，群 $\mathrm{Gal}(K^s/K)$ を記述することはガロア群 $\mathrm{Gal}(K^s/K)$ の有限次元表現の集合を研究することに還元されると主張した．より正確に言えば，問題は群 $\mathrm{Gal}(K^s/K)$ の既約 n 次元表現の集合と群 $GL(n, A)$ の保型表現の集合の間に 1 対 1 対応が存在するか，ということである．ここで A は，a_∞ が実数，a_p が p 進数である $(a_\infty, a_2, \cdots, a_p)$

の形の集合からなるアデール環である．ラングランズ予想はかなり非自明である．古典的な類体論のすべては $n=1$ の場合に該当する．

この予想の証明自体，興味深いものではあるが，代数多様体のゼータ関数の解析的性質に関連した，数論のいくつかの基本問題がこの証明から解決される．それらが解決へ至った道は，いずれも非常に面白い．

ドリンフェルトはまず，古典的な場合 ($n=1$) に次いで非自明な場合である関数体上の群 $SL(2)$ に対してラングランズ予想を完全に証明した．

ここで再び，ゼータ関数の零点に関するリーマン予想からモーデル予想に至るまで，数論に遍在する驚くべき事実に遭遇する．定理の証明は，関数体に対しては得られている．数体に対しては，$GL(2)$ の場合ですらラングランズ予想はまだ証明されていないし，定式化するだけでもある種の難しさが伴う．

ドリンフェルトは代数幾何への多数の応用を持つ結果のみならず，証明方法も得た．彼は，たとえば代数曲面の理論のように，代数幾何学に幅広い応用を持つ F 層と呼ばれる新しい代数幾何構造を導入した．

数理物理．ドリンフェルトの興味は代数幾何に限られていない．数学者たちは現代物理学の諸問題に自分の方法を応用し，そうすることで純粋数学の問題が新たに定式化されることがあるが，ドリンフェルトもまた現代物理学の抱える問題に虜になった数学者であった．インスタントンの

代数幾何学的分類についてのアティヤー，ドリンフェルト，マニンおよびヒッチンの業績についてはすでに言及したが（62 ページ参照），この業績によりドリンフェルトは理論物理学者の間で広く知られることになった．その後，共形場理論のヤン - バクスター方程式の解の構成（「三角形」）に関する論文と，非線形方程式に関する V. V. ソコロフの論文が続いた．彼らは，ちょうどコルテヴェーグ - ド・フリース方程式がサイン - ゴードン方程式に関連するように，各無限次元カッツ - ムーディ代数に対して 2 次元の可積分系（戸田格子）に関連する発展方程式の系を構成することができることを示した [DS]．2 次元重力場の方程式が可積分であることの証明は，[DS] に近年さらに注目を集めることになった．

量子群．最後に，ドリンフェルトに最大の名声をもたらした，彼の最新の論文群である量子群について説明しよう [Dr2]．量子群という対象自体（先見性のある名称を付けることができれば，数学者としての仕事は半ば済んだようなものである）は，ホップ代数，環群といった様々な名称で，他の問題との関連で現れていた．多少不正確ではあるが，量子群とは 2 種類の掛け算，すなわちベクトル空間を代数に写像する積と，双対空間での共積または積が定義されている代数である．

H. ホップはコホモロジー群の理論を建設する際に代数トポロジーでこの種の代数を最初に研究した．ミルナーと J. ムーアがトポロジーの観点からホップ代数を研究した．

1960年代にG. I. カッツは非可換群の双対の概念を一般化して量子群の別のクラスである環群を導入した．ここでは量子群の類似物は群上の連続関数の環である．ホップ代数は代数的な場の理論で，超選択則としても現れる．それにもかかわらず，これらの深遠な結果は自然さに欠けていて，重要な応用を持つ分野ではなさそうに見えた．

ここ最近，量子場の理論や統計物理のモデル方程式を統合する強力な新しい方法（量子逆散乱法）が発見されたことで状況は著しく変化した．この新しい方法は，古典的な逆問題に，ベーテ置換やヤン – バクスター方程式といった物理学から誕生した特定の手法を組み合わせたものである．

この理論の主な対象はいわゆる R 行列である．この行列は対応する方程式の遷移行列を計算することを可能にし，モデルのスペクトルを見つけることができる．R 行列の代数はかなり非自明な数学的対象であったが，R 行列の分析の中でドリンフェルトは量子群との密接な関係を発見した．

また，量子群とともに彼はポアソン – リー群を導入した．ポアソン – リー群 G の彼の定義は，関数空間 $F(G)$ 上のポアソン積と共積 $\Delta: F(G) \longrightarrow F(G) \otimes F(G)$ の定義を含む．この定義のもと，パラメータ $\hbar$ に依存する変形として量子ポアソン代数の概念を導入することができる（$\hbar$ はプランク定数として物理的解釈を持つ）．この最後の性質が量子群の術語を正当化する．

量子群は時宜を得た概念であった．ドリンフェルトの論文と時を同じくして，神保道夫と S. ウォロノヴィッチが量子群の別の定義と応用を与えた．ファデーエフ [Fa] により創設された数理物理学のレニングラード学派は量子群の理論の第一級の結果に到達した．ファデーエフと彼の学生たちは量子的逆散乱問題の構成という，量子系を積分する一般的な方法を構成するリーダーであった．V. E. コレピン，N. Yu. レシェティキン，M. A. セメノフ=チャンシャンスキー，S. E. スクリャニン，L. A. タクタジャンおよび他の数学者たちが量子群の理論の発展に従事したのは驚くにあたらない．

トポロジーとの密接な関係（V. G. テュラエフ，ヴィロ）は，ジョーンズ多項式という，近年注目すべき別の発見との予期せぬ結びつきをもたらした．そこで次節では，同じくフィールズ賞受賞者であるジョーンズの業績を議論しよう．

ヴォーン・ジョーンズ

1990 年，フィールズ賞が南半球出身の数学者に対して初めて与えられた．ジョーンズはニュージーランドで生まれ，ジュネーヴ大学を卒業し，カリフォルニア大学バークレー校の教授を長年務めた（2011 年 9 月に退任）．

ジョーンズ多項式．スイスのトポロジスト A. ヘフリガーの弟子として，ジョーンズは関数解析の一分野である因子論を専攻した．因子に関するフォン・ノイマンの理論の研

究と関連して，彼は注目すべき発見をした．結び目の多項式不変量の新しいタイプを構成したのである．ジョーンズ多項式についてはすでに言及したため（129ページ参照），ここではジョーンズ多項式それ自身の構造について，より明確なアイディアを与えることにしよう．

まず，読者の理解を助けるため物理と数学を並行的に記述することにする．最初の系は物理的系である．直線上に並ぶ3点の運動を考え，それらすべてが一定の速度で動いているとする．2粒子どうしの衝突しか起こらないと仮定し，粒子は衝突で粒子内の自由度を交換するだけとすると，3粒子の散乱の散乱行列に関して次の方程式を得る．

$$R_1 R_2 R_1 = R_2 R_1 R_2 \tag{33.1}$$

ここで $R=(R_{kl}^{(ij)})$ は散乱振幅である．i と j は最終状態であり，k と l は粒子の系の最初の状態である（$i, j, k, l = 1, 2, 3$）．ここで添え字 1, 2 はそれぞれ行列 R が粒子 (12), (23) に作用することを示す．方程式(33.1)はヤン-バクスター方程式の最も簡単な例である．

さて，数学の世界に戻ろう．各結び目に対して絡み目群 B を対応させることができる．最も簡単な非自明な絡み目は 3 つのひも a_1, a_2, a_3 からなる．

ひものアイソトピックな集合を特定すると，絡み目の集合は群 B_3 になる．群 B_3 から置換群 S_3 への同型が存在する．群の基本生成元 σ_i ($i=1, 2$) は(33.1)に類似する関係式を満たす．この事実は任意の群 B_n に対して成り立つ．

行列 R_n に対して元 σ_n を対応させることにより，群 B の行列表現を得ることができる．この表現に対する母関数を計算することにより，ジョーンズ不変量を得ることができる．この構成は不変量の系を見つけるためのヤン-バクスター代数の役割を明らかにしている．

ジョーンズの仕事のあとすぐ，2 種類の研究が最前線に躍り出た．一つはトポロジーに関するもので，この分野では 2 変数の多項式，カウフマン多項式を含む新しい多項式の完全な列といった新しいクラスの不変量が発見されている．

アレクサンダー多項式とは対称的に，ジョーンズ多項式は注目すべき非対称性の性質，すなわち結び目とその鏡像を区別する性質を持つ．最も非自明な結び目として三つ葉の結び目を取ると，アレクサンダー多項式 $A(t)$ は t^2-t+1 であるが，ジョーンズ多項式は $V=-t^4+t^3+t$ である．ジョーンズ多項式を計算することは，結び目をその鏡像から区別するという古い問題を場合によっては解決することになる．

これと同じく興味深いのは，ジョーンズ多項式と物理的問題との関連である．ジョーンズの構成は，もともとは統計物理の完全可解モデルから派生した因子の研究に基づくものであったが，量子逆問題（R 行列）の方法とジョーンズ型の多項式の間に直接的な関連のあることが，ジョーンズとテュラエフの論文においてすぐに発見された．適当なヤン-バクスター方程式を選ぶことにより，ジョーンズ型

の他の多項式を構成することができる．最近では結び目不変量が量子群の理論のアイディアを使うことにより得られている．

これらすべての注目すべき性質に対して，ジョーンズ多項式はある種の欠点を持っていた．それは，ジョーンズ多項式が結び目不変量の既知の位相的構成，すなわち結び目の補数の基本群，リンク係数，ミルナー数，ザイフェルト多様体等とどのように関連しているのかはっきりしないことである．

ヴァシリエフ不変量． モスクワの数学者 V. ヴァシリエフは近年，結び目不変量の完全な系を構成する問題に対して予期せぬアプローチを提案した．ヴァシリエフの仕事は問題全体に対して新しい見方を与えている [Va].

ヴァシリエフの結び目不変量の構成は特異点の理論に基づくもので，図式的に次のように考える．特異点または自己交叉をもつ写像 $S^1 \longrightarrow S^3$ の集合を考える．この集合は判別式 (discriminant) と呼ばれ，すべての写像の空間の中で特別な超曲面を成している．その非特異点は横断的な自己交叉点を 1 点だけ持つ写像に対応し，その特異点は零の微分係数を持つ写像，または非横断的か複数の自己交叉を持つ写像に対応する．判別式を用いることにより，アイソトピック型のどの数的な結び目不変量も与えることができる．より具体的には，判別式の各非自明な要素，すなわち非自明点の集合の連結成分，に対して指数を対応させる．指数はこの要素により分離される付近の結び目に対する不

変量の値の差として与えられる．この指数の集合は任意ではなく，不変量が矛盾なく定義されているときにはホモロジー条件，すなわちある種の係数に付随する要素の和が写像 $S^1 \longrightarrow S^3$ の空間で零とホモローグになることを満たしている．より正確な定義のためには，無限遠点が固定的に線形に埋め込まれた直線 $\mathbb{R}^1$ に収束する非特異な埋め込み $\mathbb{R}^1 \longrightarrow \mathbb{R}^3$ として定義される，非コンパクトな結び目のクラスを導入する必要がある．特異な写像を含んだすべての滑らかな写像の空間を $\mathcal{K}$ で表すことにしよう．この空間はホモトピックに自明である．この空間の判別式を $\mathcal{D}$ で表す．非コンパクトな結び目の空間 $\mathcal{K}\backslash\mathcal{D}$ の連結成分は通常の結び目 $S^1 \longrightarrow S^3$ の正則ホモトピー類と 1 対 1 対応をする．ヴァシリエフ不変量は 0 次元のコホモロジー群 $H^0(\mathcal{K}\backslash\mathcal{D})$ に対応する．$H^i(\mathcal{K}\backslash\mathcal{D})$ ($i>0$) とともに群 $H^0(\mathcal{K}\backslash\mathcal{D})$ は判別式の曲面の型と特異点の重複度によって定まるフィルターのスペクトル系列を用いることにより計算される．

不変量の完全系が存在するかという結び目理論の基本問題は，ヴァシリエフ理論ではスペクトル系列の収束を決定することに還元される．現在のところ完全な解答はないが，ヴァシリエフ理論がこの問題を解決する最も現実的な方法に思われる．この理論が示す予備的な結果や，数学の他の離れた分野との関連性が発見されたことも，ヴァシリエフ理論が比類ない重要性を持っていることを示している．結果のいくつかをここで述べておこう．いずれも最近得られた結果である．

J. バーマンと X. S. リンは，ヴァシリエフ不変量からジョーンズ多項式をどのように得たらよいかを最初に示した[BL]．これは，古典的なトポロジーの技術の中でヴァシリエフ不変量とジョーンズ多項式を理解するための重要な第一歩である．M. コンツェビッチ，D. バル＝ナタンおよびウィッテンは位相的場の理論に基づきヴァシリエフ不変量に対して魅力的なアプローチを開発している．特にコンツェビッチはヴァシリエフ不変量に対してガウスの公式のような積分表示を得て，バル＝ナタンとウィッテンはチャーン – サイモンズ作用に対するファインマン積分を用いることにより，同じ不変量を計算するための摂動理論を考え出した．ヴァシリエフの技術によって，多次元の結び目の埋め込みに関する類似の不変量を構成できるようになった．

エドワード・ウィッテン

　ドリンフェルトとジョーンズの得た結果は，比類なく重要な事柄が発見されたことを物語っている．その一方で，数理物理学の根本問題との間に予期せぬ関係が見出される——それは時として思いがけなく出合うものである——ことは，私たちがまだスタート地点に立っていることを示唆している．ウィッテンの論文はこの事実をとてもよく裏づけてくれるものである．

　ウィッテンは物理の専攻でハーヴァード大学を卒業した．彼を有名にした彼の最初の論文は，ヤン – ミルズ方程

式の n 次インスタントン解の構成である．論文から立ち現われてくるのは，現代数学の道具を印象的に使いこなす物理学者の姿である．およそ4年の間に，彼は物理学的な興味を純粋に引き起こすだけでなく，素晴らしい数学的価値を持った論文を書いた．その根本をなす論文は「超対称性とモース理論」[Wi3] であり，これについてはすでにアティヤー-シンガーの指数定理を議論するときに言及した（58ページ参照）．量子力学的超対称な系を伴う古典的な微分方程式について，ある種のフェルミ作用素の多様体上の古典的な微分作用素を構成する，という基本的な考えは非常に生産性豊かなものであった．

新世代の物理学者たちは，現代理論物理学の相貌を数学により近いものへと革新しているが，ウィッテンこそはその優れた代表者である．A. ポリヤコフ，A. ザモロドチコフや G. トホーフトといった物理学者たちは物理学の問題を解決するにあたって，数学の新しい応用や非標準的な応用に到達したが（磁気単極子の理論，インスタントン，共形場理論），それとは反対の傾向を示すのがウィッテンであり，特に後期の論文において著しい．彼は物理的アイディアを，数学的構造を構築するために適用する．ここで二つの例を挙げよう．

ジョーンズ多項式の新しい構成． 最初の例はジョーンズ多項式を構成する新しいアプローチである．M^3 を3次元の閉多様体とし，L を M^3 内に置かれている互いにリンクしている円 l_i の集合とする．M^3 に対してラグランジアン

$$\mathcal{L} = k \int_{M^3} \mathrm{Tr}(A \wedge dA + (2/3) A \wedge A \wedge A) \quad (34.1)$$

で定義される，ある種の位相的場の理論のモデルを対応させる．ここで A はゲージ群 G をもつ M^3 上の束により生成される接続，または場の強さである．曲線 l_i の系につき，接続 A の汎関数を付随させることができる．

$$W_R(l_i) = \mathrm{Tr}_R P \exp \int_{l_i} A_i \, dx^i \quad (34.2)$$

ここで R は群 G の既約表現であり，P は非可換群 G に対して指数関数を定義するために必要となる正規順序付けである．

さて，ファインマン経路積分を考える．

$$Z = \int DA \exp(i\mathcal{L}) \Pi W_{R_j}(l_j) \quad (34.3)$$

ここで DA はファインマン測度である．

定理 34.1 相関関数 Z はリンク L に対するジョーンズ型の不変量を定義する．

系の一つは，球面 S^3 だけではなく，どのコンパクト多様体 M^3 内のリンクに対してもジョーンズ不変量を定義できる可能性に関する命題である．ウィッテンの主要な論文は厳密な証明の数学的な標準を満たしていないものの，それが包含する多数の優れたアイディアや予想，その結果は，欠点を補うには十分すぎるものである．

リーマン面のモジュライ．二つめの例は 1992 年の論文で

あり，2次元重力方程式の厳密解という理論物理学の主要な発見に関するものである．この重要な結果が一見して興味深く思われるのは，その方法に理由がある．つまり，ウィッテンは解析的計算とコンピュータによる実験を組み合わせて，場の理論に関する主要な結果を初めて得たのである．この偉業は，A. ミグダルとその学派が何年にもわたって開発してきた手法である，多様体上の動的3角形分割の方法に基づいている [Mig]．ウィッテンは彼一流の情熱をもってこの問題を取り上げ，リーマン面のモジュライの問題と位相的重力の間に関連があることを予想した．彼は，完全可積分系の理論では基礎的な対象である一般化されたコルテヴェーグ–ド・フリース方程式の解の観点から，種数 g の穴の開いたリーマン面のモジュライ空間の交叉数に対する表現を発見した．コンツェヴィッチがある特別な場合について厳密な証明を得ている [Wi4]．

位相的場の理論に関するウィッテンのアイディアは，(一見すると互いにあまりに離れているように見える) 美しい結果の間の隠れた関係を私たちに感じさせてくれる．その関係とは，例えばジョーンズ多項式の理論，3次元および4次元の多様体のドナルドソンおよびフレア不変量，共形場理論の完全可積分方程式，2次元統計的系などがあり，その他にもいろいろある．

フィールズ賞委員会から業績を認められたウィッテンは，この賞の精神に完全に合致する受賞者として先駆け的な存在となった．ドリンフェルト，ジョーンズ，森という

3人の「通常の」数学者とともにウィッテンを選ぶことによってフィールズ賞委員会が数学界に示そうとしたのは，現代数学でなされた注目すべき発見がいかに広い領域にわたっているかということ，そして，いかに洞察力に富む才能を人類は手にしているか，ということである．フィールズ賞は大いなる信頼を得て，その後半世紀を歩み始めたのである．

1994 年の受賞者

1994 年の国際数学者会議はチューリッヒで開催されることとなった．数学会議の歴史はこの都市で 1897 年に始まり*，フィールズ賞は 1932 年に創設された．現在に至るまで国際会議は他の都市では二度開催されたためしがないことを考えると，世界の数学界の歴史におけるチューリッヒの役割はまことに例外的である．

J. ブルガン，P. L. リオン，J. C. ヨッコスと E. ゼルマノフがこの年のフィールズ賞受賞者である．これらの数学者は，代数，調和解析，力学系の理論，偏微分方程式で重要な結果を得ている．1994 年のフィールズ委員会の決定は，トポロジーや代数幾何が主流であった過去数回の会議の傾

---

* フェリックス・クラインの主催により 1893 年にシカゴで開催された会議は，国際会議ではなかったものの，そのように称されている．会議に参加したのは 4 カ国だけで，コロンブスによるアメリカ大陸発見 400 周年の世界行事の一環として行われた．

向を反映したものであろう.

本年の紹介は,会議の分類にしたがって,数学の古典的かつもっとも古い分野である代数から始めることにする.

エフィム・ゼルマノフ

制限バーンサイド問題. ゼルマノフは制限バーンサイド問題を解決したことによりフィールズ賞を受賞した.この結果は群論の長い歴史の有終の美を飾るものであった.

1902 年にイギリスの数学者である W. バーンサイドは以下の問題を述べた.すべての元が有限位数 n(すなわち,$g^n=1$, $g \in B$)である有限個の生成元 $b_1, \cdots, b_m$ を持つ群 $B(m, n)$ を考える(そのような群は次元 n の周期的群と呼ばれる).群 B は有限であるか? 一般化されたバーンサイド問題として知られるようになる弱い形の問題は,すべての元についての一様な位数 n を要求することなく,群が周期的であるという仮定のもとに群 B の有限性を問う問題に還元される.

バーンサイド問題とその一般化された問題の解決は非常に困難なものであったが,同時に実り多いものでもあった.解決には 60 年かかったうえ,抽象代数論だけではなくリー代数といった他の代数の分野においても新しく強力な方法を要した.

1964 年にモスクワの数学者である E. ゴロドは一般化されたバーンサイド問題を否定的に解決した.彼は,すべての元が有限であるがそれらの位数が一様に有界ではない,

有限生成の無限群の例を構成した．彼の結果は，一般化されたバーンサイド問題をリー環のある種の問題に還元させる方法に基づいている．リー環の領域では類似のアイディアにより，類体の塔の有限性に関する別の興味深い予想に対して，反例を構成することができていたのである [Gol].

同じ時期，古典的なバーンサイド問題に対する挑戦が始まった．P. S. ノヴィコフ（S. P. ノヴィコフの父）が 1959 年に第一歩を踏み出したが，完全な証明は P. S. ノヴィコフと S. I. アディヤンとの 1968 年の共著論文 [NA] においてようやく成し遂げられた．彼らは $n \geqq 4381$ である奇数位数 n を持つ無限周期群の例を構成した．この結果の証明は現代数学でも最難関のもので，証明は 300 ページ以上の分量に達し，複雑な帰納法に基づいている．近年，アディヤン，A. Yu. オルシャンスキー，I. G. リセノクその他の数学者たちが原証明の単純化に成功し，n を 115 まで引き下げた．

この結果により，制限バーンサイド問題が肯定的な解を持つことがいっそう明らかとなった．この問題は 1950 年に W. マグヌスにより具体的な定式化が行われ，次のように表現される：「m 個の生成元を持つ位数 n の有限群の数は有限であるか？」より正確には，問題は次数 n の m 個の生成元からなる極大有限群 $B_0(m, n)$ の存在に帰着される．ここで $B_0(m, n)$ は，H を群 $B(m, n)$ の有限位数を持つすべての正規部分群の交わりとするとき，$B_0(m, n) = B(m, n)/H$ として表される．マグヌスは，素数位数 $n = p$ に対

して，この問題をエンゲルの恒等式を用いて有限生成リー環のベキ零の問題に還元した．続いて I. サノフがこの結果を $n=p^\alpha$ に一般化し，P. ホールと G. ヒグマンが一般の n の場合が $n=p^\alpha$ に還元できることを証明した．

A. コストリキン [Kos] は次のステップに踏み出し，素数次数 $n=p$ に対する制限型のバーンサイド問題の証明を提案した．残念なことにその証明には深刻な欠陥があり，20 年後にようやく完結した．$n=p^\alpha$ の場合，対応するリー代数 L は環 $\mathbb{Z}_p$ 上の代数ではなくなり，一般化されたエンゲル条件と呼ばれるエンゲル恒等式よりも弱い条件しか満たさないため，証明は著しく難しくなる．しかしながら，ジョルダン代数や超対称リー代数を含むかなり非自明な構成を行うことにより，ゼルマノフは代数 L がベキ零であることを証明した．これにより，$p=2$ の場合を含む素ベキ $n=p^k$ に対する制限型のバーンサイド問題が肯定的な解を持つことが示される．

任意の n に対しては，証明は有限単純群の分類の定理に還元すればよい．一般の場合の直接的な証明が得られれば理想的である．

ゼルマノフは新しいアイディアと一般的な代数的構成を用いることにより，熟練の名人芸的技術を美しく融合させた．制限型のバーンサイド問題の証明において重要なのはジョルダン代数である．長年にわたりゼルマノフはジョルダン代数の理論を研究していた．彼は有限次元および無限次元のジョルダン代数の分類で重要な貢献を行っている

[Ze3].

ゼルマノフの結果をコンパクト群やいわゆる射影有限群（有限群の射影的極限）に拡張する試みは，別の問題をもたらした．ゼルマノフは周期的コンパクト群に対して制限型のバーンサイド問題の類似を証明した．この結果の系は「すべての無限コンパクト群は無限アーベル部分群を含む」という美しい定理で表される [Ze4].

バーンサイド問題に関してこれらの美しい結果が得られているものの，未解決問題はたくさん残っている．たとえば，ノヴィコフ–アディヤンの定理における次数 n の下限は発見されていない．

しかし，数学の他の分野との関連はいっそう重要になるだろう．双曲型グロモフ群との関連は将来有望である [Grom]．P. ヨルダン，フォン・ノイマンやウィグナーの仕事において量子力学の問題との関連で語られてきたヨルダン代数の理論は，疑いもなく，ゼルマノフの業績によりすばらしく進展をみせ，物理学へ大いに応用されることだろう．

ジャン・ブルガン

バナッハ空間．ブルガンは幅広い興味を持つ数学者であり，バナッハ空間，調和解析，凸体，エルゴード理論や非線形方程式において主要な結果を残してきた．彼の仕事の特徴は，解析学の名人芸的技能に加え，思いもよらぬ例を巧みに構成する点にある．ときにはよく研究された伝統的

な領域において才覚を表すこともある．

　関数解析の古典的な領域であるバナッハ空間の理論から始めよう．ポーランドの数学者シュテファン・バナッハにより 1920 年代に発見されたバナッハ空間は，第 2 次世界大戦の直前までよく研究されてきた．バナッハ空間の研究で特に大きな貢献をしたのは，H. シュタインハウス，J. シャウダー，S. マズールをはじめとするポーランド学派の数学者である．不幸なことに，彼らの豊かな研究は戦争によって阻まれ，戦後，バナッハ空間への興味は急速にしぼんでしまった．先達の残した難解な未解決問題を除いて，数学の他の分野への応用は言うに及ばず，どのような興味深い結果であっても将来性に乏しいという雰囲気が起こったのである．こうした見方の変化は 1950 年代に起こったものであり，それは主として，グロタンディークやシュワルツが提唱した新しいアイディアや方法の影響によるものであったが，バナッハ空間論における最も難しい問題のいくつかが解決されるという「フランス大革命」によって，この分野における興味が再び呼び覚まされることとなった．

　1973 年，基底の存在に関する問題をペル・エンフロが否定的に解決したことでセンセーションが巻き起こった．この結果の重要な系として，特別な基底（シャウダー基底*）

---

* ［訳注］バナッハ空間 X の元の列 $\{e_n\}$ が X の「シャウダー基底」であるとは，任意の $x \in X$ に対して一意的に数列 $\{\alpha_n\}$ が定まり $x = \sum_{n=1}^{\infty} \alpha_n e_n$（強収束）となることをいう．

を持つバナッハ空間の大きなクラスを特定することが挙げられる.

このような空間は近似則を持っている,すなわち,任意のバナッハ空間から与えられたバナッハ空間 B へのどのコンパクト作用素も,有限階数の作用素により近似できる.このタイプのバナッハ空間は無限次元であるが,それらの性質の多くは有限次元空間に似ている.これに反して,一般のバナッハ空間はいくつかの注目すべき性質を持っている.よく知られたバナッハ空間の例は $L^p(S)$, $1 \leq p < \infty$, L^∞, $l_p(S)$, $C(S)$ である.ここで $C(S)$ は集合 S 上で定義された有界スカラー値関数の空間である.位相的観点から最も単純な構造を持つバナッハ空間は,ヒルベルト空間 $L^2(S)$ および l_2 である.特にすべての可算ヒルベルト空間は同型である.一般のバナッハ空間に対してはこの主張はもはや成立しない.ブルガンの構成した例は任意のバナッハ空間の研究で生じる複雑な現象を示すが,そのうち二つを紹介しよう. (1) l_1 と同型であるが $V^\perp \oplus V = L^1$ となる補空間 $V^\perp$ が存在しないような部分空間 $V \subset L^1$ が存在する. (2) l_1 には,補空間を持たない部分空間で l_1 と同型となるような部分空間 Y が存在する.

近年これらの結果は,環上の加群のホモロジー的分類を試みているバナッハ環の専門家たちの興味を引くところとなった.このようなアイディアはグロタンディークの初期の仕事に端を発している.

解析学のさまざまな分野で登場する重要なバナッハ空間

は，複素空間内の領域 $D \subset \mathbb{C}^n$ 上の解析関数の空間 $A(D)$ である．基本問題として，二つの空間 $A(D_1)$ と $A(D_2)$ の間の同型写像は領域 D_1 と D_2 の次元と幾何で決定することができるかという問題を考えることができる．これに対して G. M. ヘンキンが深い結果を得た．彼は $n \geq 2, k \geq 1$ となる任意の n と k に対して空間 $A(D_k)$ と $A(D_1^n)$ が同型になることを証明したのである．ここで D_k は $\mathbb{C}^k$ 内の単位球であり，D_1^n は $|z_i|<1$ $(i=1,\cdots,n)$ で定義される $\mathbb{C}^n$ 内の単位多重円柱である．ブルガンは $A(D)$ の部分空間であるハーディー空間 $H^1(D)$ に対して類似の問題を解決した．彼は，D_m と D_n をそれぞれ m, n 次元の単位球とするとき $H^1(D_m)$ と $H^1(D_n)$ が同型でないことを示した．同型写像の研究は，特に複素領域の積分表示の理論を含んだ複雑な解析のテクニックを必要とする．ブルガンは $\mathbb{C}^n$ 内の単位球 B 上の空間 $A(B)$ の難解な基底問題も解決している．以前から $A(B)$ には無条件基底*が存在することが知られていた．ブルガンは $A(B)$ にはシャウダー基底が存在しないことを証明した．この結果は，もっとも自然な例においてですらバナッハ空間の微妙な性質が現れることを示している．有限次元ベクトル空間との類似性により，バナッハ空間内で美しい幾何学を展開することができる．関数の近似理論，調和測度，関数空間のエントロピー則等々，注目すべき応用が開拓されている．

　　＊　［訳注］シャウダー基底の定義に現われる強収束が無条件収束するとき $\{e_n\}$ を「無条件基底」という．

逆サンタロ不等式. ブルガンは，V. ミルマンとの共著論文で以下の結果を得た [BM]：X を単位球 B 上の n 次元実ノルム空間とし，ε を B に含まれる最大体積の楕円体とする．このとき，以下の評価が成り立つ：

$$\left(\frac{\mathrm{Vol}_n B}{\mathrm{Vol}_n \varepsilon}\right) < kC_2(X)(\log C_2(X))^4. \qquad (36.1)$$

ここで $C_2(X)$ は各有限次元空間 X に対して定義される量である．

この結果は，たとえば L^p, $p \geq 2$ を含む大きいクラスのバナッハ空間で成立し，コルモゴロフ直径の理論で頻繁に応用されている．

これは，実空間の調和解析におけるブルガンの仕事と激しく共鳴するものがあった．彼の解析学の能力は，多次元フーリエ変換や一般化された振動積分の研究で遺憾なく発揮されているが，L^p 内の計量である球面平均の厳密な評価を得るために，彼はベシコヴィッチ－掛谷集合の多次元の一般化を含む，新しい幾何学的構成を適用した．

エルゴード理論. ブルガンは複雑な解析的道具に依拠することにより，長年未解決だった問題を解決してきたのであるが，彼の業績のすべてをここで議論する余裕はないため，簡単に述べることができる結果を一つだけ紹介することにしよう．ブルガンにより証明されたエルゴード定理は，よく知られたバーコフの定理の美しい一般化になっている．

T を測度空間 Ω 上の測度を保存するエルゴード変換と

し，$f \in L^r(\Omega, \mu)$ とする．ここで $r>1$ であり，μ は Ω 上の確率測度とする．$P(x)$ を整係数の多項式とし，以下の平均を考える．

$$A_N f = \frac{1}{N} \sum_{1 \leq n \leq N} T^{P(n)} f. \tag{36.2}$$

定理 36.1（ブルガンの定理） $A_N f$ は Ω 上ほとんどいたるところ収束する．

この定理は広いクラスの算術集合に適用することができ，整数論や調和解析へも応用できる．

ブルガンは近年，非線形発展方程式の大域解の存在に関する研究に興味を持ち，調和解析の手法を適用している．彼の業績の概要と論文リストは，J. リンデンシュトラウスの記事に掲載されている [Lin]．

ピエール＝ルイ・リオン

リオンは，物理学，力学や制御理論と関連の深い数学の分野である偏微分方程式論を専門としてきた数学者である．彼は非常に精力的に研究を行い，微分方程式論のいくつかの分野で深い結果を導いた．

ここでは彼の名声を確立した二つの論文——気体分子運動方程式論と粘性解の理論——を取り上げよう．

気体分子運動論．気体分子運動論は，気体，プラズマ（イオンガス）等の最も重要な物理媒体を数学的に記述するものであるが，それは非線形積分微分方程式の複雑な系であ

る．このような方程式の解の一般的方法を研究したり，解の一意性や滑らかさの条件を明確にしたりすることは，非常に難しい数学的問題である．

古典的な気体分子運動方程式は

$$\frac{\partial f}{\partial t} + v\frac{\partial f}{\partial x} + \dot{p}\frac{\partial f}{\partial p} = \mathrm{CI}\,f \qquad (37.1)$$

の形の方程式系である．ここでfは座標(x)およびモーメンタム(p)上の粒子の超関数であり，$\mathrm{CI}\,f$は衝突積分である．導関数$\dot{p}$は粒子に作用する力により決定される．方程式(37.1)はその特別な場合としてボルツマン方程式($\dot{p}=0$)や衝突のないプラズマを記述する方程式を含む．

R. ディ・ペルナとの共著論文で，リオンは方程式(37.1)に対するコーシー問題を研究した［DL］．彼は，保存則から導かれる先験的評価が有効であるような解のクラスである，「再正規解」と呼ばれる大域解のクラスを識別した．$\mathrm{CI}\,f=0$の場合には，リオンと B. ペルタメが対応する解の一意性と正則性を証明している．証明方法は微妙な先験的評価に基づいており，調和解析の非標準的な考察が必要になる．これらの方法は，ナヴィエ-ストークス方程式，気体力学やその他多数の物理的に興味深い問題に応用されている．

粘性解の理論． E. ホップが古典的な仕事を行って以来，粘性解の方法は微分方程式論で用いられてきた．ホップのアイディアは次の最も簡単な準線形方程式により説明することができる．

$$u_t + uu_x = 0 \tag{37.2}$$

初期条件 $u_{t=0} = u_0(x)$ のもと補助方程式

$$u_t + uu_x = \varepsilon u_{xx} \tag{37.3}$$

を考えよう．方程式(37.3)の解 $u = u^\varepsilon(t, x)$ のうち粘性パラメータ ε の極限 $\varepsilon \longrightarrow 0$ を取ることにより，方程式(37.2)の解を得る．この極限移行を正当化するためには，$u_0(x) \in L^1(\mathbb{R}^1) \cap L^\infty(\mathbb{R}^1)$ について解 $u^\varepsilon(t, x)$ の評価が ε に関して一様であることが必要である．方程式(37.2)は凸関数 $\varphi(u)$ についての保存則系

$$u_t + \varphi(u)_x = 0 \tag{37.4}$$

により生成される重要な方程式のクラスに属する．

リオンは粘性解の理論の拡張化と一般化を行った[CL]．粘性解の方法に真っ先になじむ方程式のクラスはハミルトン-ヤコビ方程式と，制御理論で重要な役割を果たすベルマン方程式である．

R. イェンゼン [Je] が粘性解の理論を2階微分方程式に応用してからは，より広い応用分野が開けてきた．この一連の問題は，主に大域関数解析のアイディアといった非伝統的な方法の広範な応用や，急拡大する応用分野等をバランスよく包含している．

ここではリオンの業績のうち二つの領域について言及した．彼の他の興味深い結果について議論する紙幅はないの

で，読者はリオンの論文［Lio1, Lio2］や，詳細な情報を収めた論文［CIL］を参照されたい．

ジャン゠クリストフ・ヨッコス

ヨッコスは，力学系の理論と複素力学系という，急速に発展している二つの数学の領域を追究してきた数学者である．二つの領域は互いに密接に関連していて，ポアンカレ，ファトゥー，ジュリアといった伝統的なフランス学派の名前が思い出されるが，これら二つの分野は同じ運命を辿ったわけではなかった．天文力学に関するポアンカレの仕事や彼の論文「微分方程式により定義される曲線について」は力学系の理論の現代的基礎を築き，その後20世紀の第一線の数学者たちがそれを発展させてきた．一方で，リーマン球のような複素集合上の自己同型写像の構造についてのファトゥーとジュリアの論文は，ほとんど50年もの間数学界に沈潜したままであった．1960年代も後半になってからようやく，シナイのビリヤードといった力学系の理論の新しい地平との関連で再び関心が集まるようになった．近年，複素力学系の研究は特に一般的になってきており，フラクタルやストレンジアトラクターのような，新しくしかも「完全に忘れられた古い」概念*はいま新しい応用分野を見出している．

ここではヨッコスの業績を直観的に紹介したいので，力

---

* ロシアには「新しいものは，完全に忘れられた古いものにすぎないのだ」という慣用表現がある．

学系と複素力学系のいくつかの基本問題を簡単に述べて,著名な先行者たちの結果に言及することにしよう.

小分母の問題. 三体問題においてポアンカレは,G. W. ヒル,H. ジルデン,A. リントシュテットといった天文学者たちが惑星や小惑星の軌道の安定性を研究する際に用いた摂動論の難しい級数を取り扱った.

これらの級数の解析で現れる小分母の問題とは,

$$\sum a_{m,n} \frac{e^{i\langle \lambda, q \rangle t}}{\langle \lambda, q \rangle} \tag{38.1}$$

の形の級数において分母の $\langle \lambda, q \rangle$ が異常に小さくなり,級数 (38.1) の漸近収束の解析が難しくなる問題のことをいう.ここで $\lambda = \{\lambda_1, \cdots, \lambda_n\} \in \mathbb{C}^n$, $q = \{q_1, \cdots, q_n\} \in \mathbb{Z}^n$ であり,$\langle \lambda, q \rangle$ は内積である.この解析なしではこの級数を取り扱うことができない.小分母の問題は,たとえば周期解や均衡点の近傍における保存系の軌道の振舞いの研究等,常微分方程式論の他の問題でも起きる.この問題を解決する効果的な方法は方程式を簡単な形式に還元すること,すなわち標準型に還元することである.典型例は以下の問題である.$A(x)$ を x のベキ級数として,方程式

$$\dot{x} = A(x), \ x \in \mathbb{C}^n \tag{38.2}$$

が与えられたとする.変数 x の変換によって,どのような条件のもとでこの方程式を線形方程式

$$\dot{y} = Ay \tag{38.3}$$

に変えることができるであろうか？ この問題は，たとえばポアンカレ自身が研究したように式(38.3)を形式ベキ級数のクラスに還元する方法等，様々な定式化や一般化がある．解析関数を用いた還元の問題は，形式的級数の収束を明確にする必要があるため，もっと複雑になる．これらの問題はバーコフ，ジーゲル，その他著名な数学者たちによる古典的な研究があるが，そうした努力にもかかわらず，多次元の場合に標準型を求める問題は完全な解決からほど遠い状態にある．ただし，自由度 2 の場合には解決されている．行列 A の固有値の算術性の重要性についてはすでにポアンカレが初期の論文で指摘しているが，後年ジーゲルは以下の注目すべき結果を証明した．

定理 38.1 特異点における行列 A の線形部分の固有値が条件

$$|\lambda_i - \langle m, \lambda \rangle| > \frac{c}{m^\nu}, \quad \nu > 2 \tag{38.4}$$

を満たすとき，場 $A(x)$ は特異点の近傍においてその線形部分と解析的に同値である．

この定理は多次元の場合にも成立する．T. チェリーと A. ブルーノは以下の定理を証明することによりジーゲルの条件を弱めることに成功した．

定理 38.2 $\lambda = \dfrac{\lambda_1}{\lambda_2}$ として，λ が連分数展開

$$\lambda = a_0 + \cfrac{1}{a_1 + \cfrac{1}{a_2 + \cdots}}, \qquad (38.5)$$

を持つとする.また q_k を k 個の分数 $a_0, a_1, \cdots, a_{k-1}$ を用いて(38.5)式の連分数の展開した数を分数表示 $\dfrac{p_k}{q_k}$ したときの分母とする.系(38.2)が条件

$$\sum_{k=1}^{\infty} q_k^{-1} \log q_{k+1} < \infty \qquad (38.6)$$

を満たすとき,(38.2)は(38.3)の形に還元することができる.

この結果は1964年から1965年にかけて得られたものであるが,この条件の必要性をヨッコスが証明するまでに20年の歳月を要した.このように,自由度2の場合には標準型に解析的に還元できるための完全な基準が存在する.

ハミルトン系の条件付き周期運動. ヨッコスが得たもう一つの結果は,ハミルトン系の条件付き周期運動の研究におけるものである.これもまた長い前史を有する問題で,ポアンカレにまで遡ることができる.自由度2を持つ不変トーラス $\mathbb{T}^2$ 上のハミルトン系の運動を考えてみるだけでも,力学系の理論の深遠な定理へと至る.

$F(x,y)$ と $G(x,y)$ を,変数 x と y に関してある種の滑らかさと周期性を持つ関数とし,

$$\frac{dx}{dt} = F(x,y), \quad \frac{dy}{dt} = G(x,y) \qquad (38.7)$$

の形のトーラス $\mathbb{T}^2$ 上の微分方程式を定義する.この微分

方程式系を

$$\frac{dx}{dt} = \lambda_1, \quad \frac{dy}{dt} = \lambda_2 \tag{38.8}$$

の形に還元することができるための関数 F, G の条件とは何か？　換言すれば，(38.7) を λ_1, λ_2 の（条件付き）周期運動を持つ系に還元することができるための条件とは何か？この問題を解決・一般化するには 20 世紀のまる百年を要したが，現代の力学系の理論において基本となる概念を多数産み出すこととなった．

　ここでその歴史を簡単にスケッチしてみよう．最初の決定的なステップを踏み出したのはポアンカレである．彼は系(38.7)が，円周をそれ自身に移す写像へと還元されることを示した．その際彼は方程式(38.7)に関連する掃出し関数を導入した．掃出し関数とはトーラスの子午線をそれ自身に移し，方程式の定める軌跡と子午線の交点を次の交点に移す関数である．したがって，軌跡の研究は円周上の同相写像の研究に還元される．二つめの概念——これもまたポアンカレによって導入されたものである——は絡み数である．円周上の同相写像 f の観点からは絡み数は $\lim_{n\to\infty} \frac{f^n(d_0)}{n} = \rho$ としても定義されうる．この数は S^1 の点 x_0 の選択によらない．S^1 上の絡み数は方程式系(38.7)で定まるベクトル場の回転数を決定する．たとえば方程式(38.8)の場合，$\rho = \frac{\lambda_1}{\lambda_2}$ である．この数は同相写像の重要な性質である．ρ の算術的性質が同相写像の振舞いを決定する．すなわち，もし $\rho = \frac{p}{q}$ が有理数であるなら，円周を q

回横断する周期 p の周期的軌道が存在する．一般の場合にはほとんどすべての点の軌跡は安定的な周期軌道に引き寄せられていく．もし ρ が無理数なら十分滑らかな微分同相写像（たとえば C^2 級）T_f に対して任意の点を通過する軌跡は円周上稠密になり，同相写像は角度 ρ による回転に還元される．A. ダンジョワがこの定理を証明したが，それは関係式

$$T_g T_f T_g^{-1} = T_\rho \tag{38.9}$$

で表される．ここで T_ρ は角度 ρ による円の回転を表す．ダンジョワは変換 T_g について滑らかさの仮定を何も置いていない．

この問題は，不変トーラスの保存則の条件に関連しているため，条件付き周期運動の摂動論を構成するにあたって重要である．KAM 理論（この名称は創設者のコルモゴロフ，アーノルド，J. モーザーに因むものである）において，この問題は回転変換に近い解析的かつ十分滑らかな微分同相写像に対して解決された．この結果は局所的還元定理として知られている．T_f を回転変換に還元できるかは，ρ の算術的性質，より正確には無理数 ρ が有理数で近似できるその度合いによることが明らかになった．

ヨッコスの指導教官である M. ハーマンは，回転変換への近さという条件を除いた大域的還元定理を証明して大きな貢献を果たした．ハーマンは同相写像 T_f が C^3 級の滑らかさを持つとき，ほとんどすべての数 ρ に対して，絡み

数 ρ を持つ微分同相写像 T_f は角度 ρ による回転と微分同相写像として同値であることを証明した.この定理で「ほとんどすべて」とは任意の測度零集合を除いた集合上を意味する.したがって,ヨッコスは指導教官の結果をかなり強めたことになる.彼はこの大域還元定理が

$$\left|\rho - \frac{p}{q}\right| > \frac{c(\rho)}{q^{2+\delta}} \tag{38.10}$$

となるような任意のディオファントス数 ρ に対しても可能であることを示し,δ の関数として変換写像 T_g の滑らかさに関する最善の評価を行った.

これらの結果を得るためには,新しい概念や,多次元の場合で重要になる解析的道具を必要とした.なお,多次元の場合の定理はいまだに証明されていない.

複素力学系. ここで,複素力学系に移ることにしよう.複素集合の写像列の研究からは力学系に近い問題が得られる.

力学系の典型的な問題は写像 $z \longmapsto R(z)$ の極限集合を記述することである.ここで,$R(z)$ は有理関数であり $z \in \mathbb{C}$ または $z \in \widehat{\mathbb{C}}$ (リーマン球) とする.$f_c(z) = z^2 + c$ のように簡単そうに見える写像の反復を行うだけでも,極限集合の研究はかなり非自明になる.集合 $\{f_c^n(z)\}$ の構造に関するアイディアを説明するために二つの重要な概念,ファトゥー集合とジュリア集合を導入しよう.写像 f のファトゥー集合 $F(f)$ は反復写像 f^n の正則点の集合である,すなわち,集合族 $\{f^n\}_{n=0}^{\infty}$ が点 z の近傍で同程度連続であ

り，点 z の軌道がリャプノフ安定である点の集合である．ジュリア集合 $J(f)$ は補集合 $\overline{\mathbb{C}}\backslash F$ である．したがって，リーマン球は，反復 f^n の正則点（漸近的に安定的な点）からなる開集合 F と，その点を通る軌跡のふるまいが確率論的になる閉集合 $J=\overline{\mathbb{C}}\backslash F$ の 2 つの不変部分集合に分割される．種々のクラス写像 $f(z)$ に対するファトゥー集合とジュリア集合の研究は複素力学系の中心的な問題である．

さて，

$$f_c(z) = z^2 + c \qquad (38.11)$$

の写像に戻ろう．$c=-3$ に対しては集合 $J(f_c)$ はカントール集合になるが，c が小さくかつ零でない場合はジュリア集合はどの点でも接線を持たないジョルダン曲線になる．関数 $f_c(z)=z^2-1$ に対するジュリア集合は複素平面を可算個の集合に分割する．ジュリア集合のコンピュータモデルは驚くほど美しい図を描いてくれる [PR]．

19 世紀後半から 20 世紀前半にかけて，ファトゥー集合上の力学系の研究は常微分方程式論とともに発展してきたが，これら二つの分野の専門家たちは互いにその存在に気づいていなかった．しかし，1930 年代や 1940 年代になって，たとえばジーゲルが 1942 年の論文「特異点上の近傍で解析変換を回転に還元することについて」で指摘したように，これらの結果の関係が徐々に理解されるようになってきた．ジーゲルの結果は微分方程式論の観点から自然な解釈を与えることができる（上述の最初のトピックを参照さ

れたい).ブルーノとヨッコスの対応する結果も同様の解釈を行うことができる.

ファトゥー集合は,A. ドゥアディー,J. H. ハバード,サリヴァン,サーストンらの論文によって,ほぼ完全な姿が近年明らかになったが,ジュリア集合の構造については多数の古典的なクラスの同型写像に対してさえも完全というには程遠い.ヨッコスは写像(38.11)に対するジュリア集合の構造に関連した主問題を解決した.(38.11)の形の写像に対するジュリア集合 J_c は連結集合かカントール集合の構造を持つ.J_c が連結集合となるようなパラメータ c の値の集合 M_c を考える.この集合はマンデルブロ集合と呼ばれる.ドゥアディーとハバード [DH] は,J_c が連結なら M_c もまた連結であることを証明した.彼らの論文では,集合 J_c と M_c をより詳細に記述するにはそれらが局所連結であるための条件に依存することが示されている.ヨッコスは集合 J_c と M_c が局所連結であるための条件を発見した.注目すべきことは,局所連結の条件が,$z=0$ の近傍で $f_\alpha(z)=z^2+e^{2\pi i\alpha}$ を線形化できるかという問題と密接に関連していることである.この問題はブルーノ-ヨッコス条件により解くことができる.

クライン群の理論,実数の近似理論,タイヒミューラー空間,常微分方程式やコンピュータグラフィックス等々,多数の異なる分野のアイディアやテクニックがこの小さい研究分野に詰まっている.ここでは歴史と現代性が驚くほど絡み合っている [Mc1, Mc2].一見単純な,しかし非常

に複雑なこれらの例のうちに数学の一体性が見事に示されていると言えよう.

近年出版された『フィールズ賞受賞者講演集』(*Fields Medalist Lectures*) には 20 名以上のフィールズ賞受賞者の原論文の概要が収められており, そのうちいくつかは受賞者の直近の興味を紹介している [FM].

1998 年の受賞者

マキシム・コンツェヴィッチ

V. ジョーンズと E. ウィッテンがフィールズ賞を受賞してから 8 年後, マキシム・コンツェヴィッチがフィールズ賞を受賞した. 彼の仕事はその結果自体が興味深いだけではなく, 現代数学のいくつかの大問題に対して彼がアプローチした非自明な方法もまた興味深い.

ポアソン代数の量子化. まず量子化ポアソン多様体の業績から始めよう.「量子化」問題は古典力学系から量子系への「正しい」対応を行う問題として, 現代物理学ではよく知られている.

これは問題としては非常に明瞭なもので, たとえば微小パラメータのプランク定数 $\hbar$ を含む摂動過程など, 量子化の方法はいくつか存在する. 量子化問題の枠組み——これはメタ理論のようなものである——では, 群の表現論, 位相的場の理論や代数多様体のモジュライの理論の多数の問題をある程度定式化することが可能である.

量子化ポアソン多様体の問題は次のように表現することができる．多様体 X の上のポアソン構造を考えよう．すなわち，$C^\infty(X)$ 上の双線形作用素 $B_1: C^\infty(X) \otimes C^\infty(X) \longrightarrow C^\infty(X)$ でリー環の構造を持つ多様体 X を考える．ポアソン構造 B_1 の量子化の問題，より正確にはその変形の構成問題は，

$$f * g = fg + \sum_{j=1}^{\infty} \hbar^j B_j(f, g) \qquad (39.1)$$

となるような関数空間上の結合的積構造（スター積）を決定することができるような（各変数について微分可能な）線形作用素の族 $\{B_j | j=1,2,\cdots\}$ を発見することである．コンツェヴィッチは作用素 B_1 を用いて $\{B_j | j=2,3,\cdots\}$ の表現を発見し，任意の多様体上でポアソン代数の標準的変形が存在することを証明した．この結果の重要性は，ポアソン構造が数学の種々の問題において現れるという事実によって明らかである．古典的な例はシンプレクティック多様体とリー環と双対になる空間である．

コンツェヴィッチの結果はいくつかの観点から注目すべきものである．まず，この結果が実質的により一般的な代数的構成の枠組みから得られたものであり，したがって広範な応用を持つことである．もっと専門的に説明すると，問題は二つの代数的対象の比較を行うことである．二つの代数的対象とはすなわち，滑らかな多様体 X 上で決定される関数環に対するホッホシルト複体と，X 上のポリベクトル場の次数付き環 Z である．

次に，式(39.1)の作用素 B_j に対する公式が B_1 を通して非常に明示的に表されていることである．B_j を決定するためには，係数 $\hbar^j$ を決定する必要があり，そのために補助グラフ Γ を用いる．グラフ Γ とユークリッド空間 $\mathbb{R}^n$ 内の領域で決定される双ベクトル場 α_j により，作用素 B_j を構成する．B_j に対する明示的公式は非常に複雑であるため，読者は詳細な解説が与えられているコンツェヴィッチの論文 [K1] を参照されたい．ただし，あらかじめ警告しておくと，[K1] は数学的知識の蘊奥が自由に用いられているため，楽に読める論文ではない．

すべての量子化の空間をパラメータ付ける普遍無限次元多様体のありうる存在に関して，[K2] では興味深い仮定が論じられている．この結果は代数幾何において重要な帰結をもたらすかもしれない．

結び目理論． 初期のコンツェヴィッチの業績に戻ろう．いくつかの業績についてはすでに述べたとおりであるが，彼の成果に共通する特徴として，一般的概念を具象の中に見出す能力や，効果的な解を得るための一般的概念を適用する能力を挙げることができる．彼に特徴的なテクニックとして，組み合わせ論の技能がある．グラフ理論の補助的な構成は彼の結果を非常に具体的なものにしている．この観点から興味深いのは結び目理論における結果であり，彼はヴァシリエフ不変量に対する積分公式を得ている．彼の結果は，古典的なガウスの公式，場の理論や欠陥理論で以前に得られていた高次のガウス係数の公式を実質的に一般

化したものである．

　その他．コンツェヴィッチがミラー対称性や複素曲線のモジュライに関して重要な結果を得た分野である位相的場の理論や代数幾何とは別に，彼の興味の広さを示す二つの結果を紹介しよう．

　最初の結果は，A. ゾリッチとの共著論文での結果であり，彼はエルゴード理論における線分の再配置問題と複素曲線上の正則形式のモジュライ空間の間の予測不可能な関係を発見した [KZ]．

　次の結果は多次元分割に関する V. アーノルドの近年の仕事に端を発する．コンツェヴィッチは，Yu. スホフとの共著論文で，正則 1 次形式のモジュライ空間に関するアーノルドの予想を証明した．彼らは多次元の問題を空間 $SL(n,\mathbb{R})/SL(n,\mathbb{Z})$ の格子の理論に還元している [KS]．

ティモシー・ガワーズ

　イギリスの数学者であるティモシー・ガワーズの学問的業績は，関数解析と組み合わせ論（組み合わせ論的整数論を含む）に関するものである．これはバナッハ空間論やエルデシュ - トゥラン問題やセメレディの問題を含む．

　これら互いに離れた数学の領域におけるガワーズの成果は，問題に対する斬新なアプローチ，優れた解析テクニック，問題に到達するためにかけ離れた数学の分野から解を引き出してくる能力に起因する．P. エンフロによる有名な結果の後，1970 年代初頭のバナッハ空間論に対して澎湃

として沸き起こった興味についてはすでに J. ブルガンのセクションで言及した（160 ページ参照）．しかしながら多数の著名な数学者の努力にもかかわらず，バナッハ空間論の多くの問題が未解決のまま残っていた．ガワーズはバナッハ空間の幾何学的構造を明らかにすることに成功したのである [Go]．

補空間問題． まずはエンフロの定理（160 ページ参照）に密接に関連した結果から始めることにしよう．すべての空間が無条件基底を持つわけではないことは知られていたが，バナッハ空間のどの部分空間も無条件基底を持たないことがその事実から従うかということに関しては明確でなかった．この問題は特に次の問題を喚起する．バナッハ空間の構造は一体何か？　たとえば，バナッハ空間は L^2 を必ずしも含んでいる必要はない．しかし，L^2 の代わりに C_0 や L^1 の場合を考えたらどうか．この問題は全く自明ではない問題である．

C_0 や L^1 を含まないバナッハ空間の最初の例は，レニングラードの数学者である B. ツィレルソンによってかなり非自明な帰納法的方法により 1974 年に構成された．

ツィレルソンの後，1991 年までにガワーズが，それと同時期に B. モレルがこの問題を解決した．彼らは無条件基底列を持たない空間列を構成したのである．これらの空間はいくつかのエキゾチックな性質を持つ．そのうちの一つは H. I. 性* と呼ばれるものであり，そのような空間のどの部分空間も二つの空間の位相的直和として表すことができ

ないという性質である．そのような空間の発見を契機として，ガワーズはバナッハ自身によって提起された問題を解決するに至ったのである．

超平面問題． 無条件基底を持たない空間は超平面を含むどの部分空間とも同型ではない．この研究から三つの結果を以下に紹介することにしよう．

第一は分解定理であって，存在する無条件基底の観点からバナッハ空間を特徴付ける定理である．すべての無限次元バナッハ空間は無限次元の部分空間を含むが，それは無条件基底を持つ空間か H.I. 空間かのどちらかである．

第二は集合論における有名な F. ベルンシュタインの定理に類似する定理で，シュレーダー–ベルンシュタイン問題の予期せぬ解決である．それぞれがもう片方の部分空間に同型な二つのバナッハ空間は同型であるか？ ガワーズは同型にならないバナッハ空間の例を構成してみせた．

最後はヒルベルト空間の等質性の発見である．バナッハ空間は，それがどの部分空間にも同型であるとき等質であるという．ガワーズはそのような等質空間が l^2 のみであることを証明した．

ガワーズの結果を議論するなら，証明の方法についても

---

* ［訳注］バナッハ空間 X の閉線形部分空間 Y は，Y または X/Y が有限次元であれば補空間を持つ．このようなもの以外に補空間を持つ閉線形部分空間が存在しないとき，X は「分解不可能」(indecomposable) であるという．X が「H.I. 空間」(hereditarily indecomposable) であるとは，X の任意の無限次元閉線形部分空間が分解不可能であることをいう．

触れるべきだろう．バナッハ空間の幾何で用いるテクニックを発展させることにより，ガワーズは直接組み合わせ論の問題に移行している．すでにクラウス・ロスのセクションで言及したエルデシュ－トゥラン問題（105ページ）において，最も強力な評価を得ている．

もともと彼は $k=4$ の場合を解決したのであるが，$k=3$ の場合から $k=4$ の場合に移行すると格段に難しさが増す．問題は実数 $r_n(n)$ に対する $r_n(n) < \exp\exp\exp((1/n)^c)$ 型の不等式における定数 c の評価を得ることである．

最も将来有望なのがガワーズの方法であって，それはG.フリーマンの密度定理や確率論から従ういくつかの新しいアイディアに基づいている．彼のアイディアは従来の議論で基礎として用いられていたグラフ理論のセメレディの補題に依存せず，むしろ同時に補題そのものの評価を実質的に改善する結果となっている．1999年にガワーズは任意の k に対するエルデシュ－トゥラン問題の上からの評価を発見している．

リチャード・ボーチャーズ

リチャード・ボーチャーズの優れた結果を説明するためには，この分野を詳しく説明する必要がある．

ムーンシャイン予想．「ムーンシャイン」という言葉は，英語を母国語としない者にとってはロマンチックに響くかもしれない．しかしこの予想をしたジョン・コンウェイやシドニー・ノートンを含む英語圏の数学者たちにとって，

この俗語はロマンチックな意味を持っていない．それは「無意味」という意味である．そのような意味でこの言葉が使われ始めたのは 1500 年代の初めのことであるが，予想を提出した人たち自身がその予想をいかに信用していなかったかを明らかに物語っている．

一般にムーンシャイン予想はいくつかの定式化を持つ．

モンスター群 M は，M の元のトレースがモジュラー形式を定めるような無限次元の次数付き表現 $V = \sum_{\oplus} V_n$ を持つ．より正確には，部分空間 V_n の次元は楕円モジュラー関数 $J(\tau)$ のベキ級数展開

$$J(\tau) = q^{-1} + 744 + \cdots \tag{41.1}$$

の係数である．ここで $q = e^{2\pi i \tau}$ であり，$J(\tau)$ は離散群 $SL(2, \mathbb{Z})$ に関する最も簡単な非定数モジュラー関数である．ジョン・マッケイは級数展開 (41.1) における $J(\tau)$ の係数がモンスター群 M の次元と関係していることを見抜いた．自明な関係 $1 = 1$ の他には

$$19684 = 1 + 19683 \tag{41.2}$$

が成立する．

マッケイとジョン・トンプソンは，表現空間の次元が $\dim(V_n) = c(n-1)$ で与えられるような次数付き表現 $V = \sum_{\oplus} V_n$ が存在すると予想した．ここで係数 $c(n)$ はモジュラー関数 $J(\tau)$ によって以下の等式により決定される数である．

$$J(\tau)-744 = \sum_{j=-1}^{\infty} c(j)q^j \qquad (41.3)$$

トンプソンは V の指標を，各 $g \in M$ に対して分割母関数（トンプソン-マッケイ級数）

$$T_g(\tau) = \sum_{j=-1}^{\infty} T_j(g|V_j)q^j \qquad (41.4)$$

で表した．

コンウェイとノートンはいくつかの $g \in M$ に対して $T_g(\tau)$ を計算して驚くべき事実を発見した．それは，関数 $T_g(\tau)$ は，対応するリーマン面 $\Gamma \backslash H$ の種数が 0 になるような離散部分群 $\Gamma \subset SL(2, \mathbb{R})$ に対して同型写像 $\Gamma \backslash M \longrightarrow \mathbb{C}$ を定める，ということである．この予想はこの結果が M のすべての元について成立することを主張している．この定式化のもと，コンウェイとノートンの予想は1980年代初頭にA.L.エイトキン，P.フォン，S.D.スミスによって解決された．

しかしながら，有限次元表現空間 V_n が抽出されるもとの空間である無限次元空間 V の構造は，完全に不明確であった．V の構造に関する自然な候補は，I.フレンケル，J.レポウスキー，A.メウルマンによって構成された加群であり，その詳細な説明は［FLM］でなされている．M の表現で用いられた具体的な加群 V はリーチ格子によって構成できる．この格子はいくつかの注目すべき特徴がある：それはユニモジュラー性，パリティ，ノルムが2のベクトルが存在しない，という性質をすべて満たす24次元

空間の中の唯一の格子である．この格子はすでにコンウェイ群 Co_1, Co_2, Co_3 を構成する際，コンウェイの仕事で現れていた格子であった．

モンスター群について対応する格子はローレンツ計量の入った 26 次元格子 $\Pi_{25,1}$ になる．この格子をウェイトによる格子と見るならば，リー環論のひそみに倣って対応する代数を得ることができる．その代数的対象は [FLM] によって導入された．

残念なことにこの代数はムーンシャイン予想を証明するのには十分ではない．

頂点代数．ここでボーチャーズ自身の結果に移ることにしよう．最初の結果は，証明に用いられた頂点代数の導入であって，それは証明に限らずより広い影響を及ぼした．

ボーチャーズはひも理論で知られていたいくつかの概念を公理化することに成功した．双対共鳴模型の理論におけるひも理論の研究の初期において，局所場の観点からひもの相互作用を記述するために「頂点」作用素が導入された．ボーチャーズは，どの格子の上でも構成できるような「頂点」作用素代数を特徴づける厳密な公理系を導入した（彼は当初考えていたのは明らかに代数的構成であった）．この代数により正エネルギーと零エネルギーの空間を区別することができ，自然な次数を導入することができるようになる．しかしモンスター群 M の本当の表現を構成するためには，M が自己同型として作用するようなリー環の類似を発見するという，次のステップに進む必要がある．その

ような代数は一般カッツ-ムーディー代数であることが明らかになった．この構成もまたボーチャーズによって提案されたものである．

一般カッツ-ムーディー代数は，実のところ通常のカッツ-ムーディー代数とたった一つの条件しか異ならない．カッツ-ムーディー代数を決定するカルタン行列 K の対角成分が負値になりうる点であり，それは一般カッツ-ムーディー代数のルートが虚数になりうることを意味している．この一般化された代数の主要な性質は「もともとの」カッツ-ムーディー代数の性質と同じであるため，特に一般カッツ-ムーディー代数に対して指標に関する H. ワイル-カッツの公式を構成することができる．

「通常の」カッツ-ムーディー代数に対するワイル-カッツの公式は，デデキントのゼータ関数に対する恒等式を証明する際に V. カッツによって成功裏に応用された．I. マクドナルドの優れた論文（1972 年）で発見された，モジュラー関数とアフィンリー環の間の関係は，カッツ-ムーディー環の将来の研究を刺激するものであった．この理論の枠組みの中では，テータ関数に対する有名なヤコビ恒等式を含むモジュラー関数の古典的な結果が自然に説明され，また一般化される．

たとえば，テータ関数に対する古典的なヤコビ恒等式は

$$\prod_{m=-1}^{\infty}(1-q^{2m})(1+q^{2m-1}w^2)(1+q^{2m-1}w^{-2}) = \sum_{m=-\infty}^{\infty} q^{m^2}w^{2m}$$

(41.5)

である．群 $SU(2)$ のリー環に対するワイル – カッツの公式に倣って，ボーチャーズは加群 V に対する頂点的性質を証明し，ワイル – カッツの公式の類似を適用することによってムーンシャイン予想を完全に証明することができると予想した．しかし状況はそんなに単純なものではなかった．モンスター群 M が作用する代数 $\tilde{M}$ は加群 V ではなく，テンソル積 $V \otimes V(\Pi_{1,1})$ であった．ここで $V(\Pi_{1,1})$ は符号 $(1, -1)$ を持つ 2 次元格子により生成される頂点代数である．ボーチャーズは代数 $\tilde{M}$ をモンスター群のリー環と呼んだ．$\tilde{M}$ 上の M の作用に関するパラメータ付けられた表現空間のうち次数 (m, n) を持つ空間の次元は，関数 $J(\tau) - 744$ の q^{mn} の係数 $c(m, n)$ に等しい．

この注目すべき証明の詳細や参考文献の引用については 1998 年のベルリン会議での P. ゴダードと R. ボーチャーズ自身による報告で見ることができる．

ボーチャーズの仕事は具体的な結果だけではなく，ムーンシャイン予想の証明によっても衝撃的である．それは多数の著名な数学者たちが関わってきた数学の長い発展の道のりを集約するものであった．有限群や離散群の理論，保型形式，無限次元コホモロジー，リー環やカッツ – ムーディー環，これらはすべて「ムーンシャイン予想」の証明に関係する数学の理論であるが，これでも完全なリストとは言えない．双対共鳴模型，ひも理論，2 次元共形場理論といった，物理学から来たアイディアを加えて初めて，彼の鋭い感性の全容が見えてくるのである．

しかし，すべての大発見がそうであるように，ボーチャーズの仕事はただ単にある問題を解決しただけではなく，新しい地平を開いたのである．モンスター群の果たす唯一の役割に思いを馳せるのであれば，これらの結果の一意性を問うのは極めて自然なことである．たとえば，モンスターのようなタイプの奇妙な代数が他にも存在するであろうか？ ボーチャーズ自身を含む数学者の最近の結果によればそのような代数はたくさん存在する．

保型形式論． ボーチャーズが得た他の方面における興味深い結果は保型形式論である．彼は，ワイル−カッツの公式の適用範囲に落ちないような，保型形式の積を展開する新しい公式を発見した．軌道多様体上のひも理論と頂点代数の代数的構成の間の直接的関係が今後さらに発見されることは，大いにありうる．これらのすべての方面で活発な研究がなされているため，新しい驚くべき発見を待ち望んでいてもよいだろう．

カーティス・マクマレン

カーティス・マクマレンは，3次元多様体の幾何学，複素解析，計算理論といった数学の多数の領域で仕事をしているが，最も知られているのは複素力学系である．彼の結果はヨッコスの仕事と多数の接点を持っているが，ヨッコスの方法がほとんど複素力学系の理論と関係しているのに対して，マクマレンのテクニックはリーマン面，クライン群，モジュライ空間等々の理論から借用した幾何学的アイディ

アや位相的アイディアを基礎としている．リーマン球 $\widehat{\mathbb{C}} \sim S^2$ 上の正則写像の研究における主な予想は，「双曲写像の集合はすべての有理写像 $\widehat{\mathbb{C}} \longrightarrow \widehat{\mathbb{C}}$ の空間において開集合であり稠密である」と定式化される．

ジュリア集合 $J(f)$ 上，すなわち球面 S^2 上で決定される力学系が双曲的であるとは，すべての $z \in J(f)$ に対して $|f'(z)|_\rho > 1$ となるような共形計量 ρ を定義することができるような拡大写像が存在することをいう．ここで，$|f'(z)|_\rho$ は共形計量における $f'(z)$ のノルムのことである．

実は，この予想は 1920 年代に P. ファトゥーが提出したものである．その当時，双曲写像の集合が開集合であることはわかっていたが，すべての有理写像の集合の中での稠密性については未解決であった．問題は次のように定式化される．

予想 1 $f_c(z) = z^2 + c$ が双曲的になるような定数 c の集合は $\mathbb{C}$ の中で稠密な開集合である．

マンデルブロ集合 M の観点からは，次のように面白くてしかも強い予想を導くことができる．

予想 2 M は局所連結である．

くり込み可能写像． ドゥアディーとハバードは，もし予想 2 が成立するなら予想 1 も従うことを証明した．これらの予想を証明する試みの中から，いくつかの興味深い結果が得られた．2 次多項式の重要なクラスとして無限回くり込

み可能多項式*がある.

f_c に対するそのような極限写像の研究は一般の複素写像を研究する上で重要である. 無限回くり込み可能写像の例として2重周期写像と関連するファイゲンバウム多項式がある. ファイゲンバウム多項式は

$$F(x) = 1 - 1.401155 x^2 \tag{42.1}$$

という多項式であり,

$$\kappa F_\mu(x) = 1 - \mu x^2 \tag{42.2}$$

の2次写像に対する極限多項式である. これは 2^i の間隔の周期を生成する μ_i の分岐列 $\mu_1, \cdots, \mu_\infty = 1.401155$ が存在することを示している. 極限多項式(42.2)は周期 2^n (n は任意)の周期軌道を持つ. 分数 $\delta_n = \dfrac{\mu_{n+1} - \mu_n - 1}{\mu_{n+1} - \mu_n}$ の極限は

$$\delta_n|_{n \to \infty} \longrightarrow \delta = 4.6692 \tag{42.3}$$

で与えられるが, この極限は2次写像の選択に依存せず, 無限個の周期倍分岐を持っている. これが普遍性の性質である.

くり込み写像は現代物理学の多くの理論で重要な役割を果たすが, 周期倍分岐が決定論的状態からカオス的状態への転移を記述するために用いられる相転移や力学系のゆら

---

* [訳注] 多項式 f は, 臨界点 $z=0$ のある近傍に制限したとき f^n が次数2でそれ自身に写像するような n が無限個存在するとき, 「無限回くり込み可能」であるという.

ぎ理論では特に重要である.

マクマレンは2次写像のくり込みの問題において重要な結果を得ている. マクマレンの結果を定式化するためには,「不変線分場」という追加的概念が必要になる. 写像 f に対する不変線分場とは, すべての $z \in E$ に対する接空間 $T_z\mathbb{C}$ で以下の条件を満たす1次元実部分空間 L_z を選ぶことができるような可測集合 $E \subset \widetilde{\mathbb{C}}$ の上で定義される:

(a) E は正の面積を持つ.
(b) $f^{-1}(E) = E$ である.
(c) L_z の傾きの集合は z に関して可測である.
(d) すべての $z \in E$ について, 微分 f' は L_z を $L_{f(z)}$ に変換する.

もし $E \in J(f)$ なら, f はそのジュリア集合上で不変線分場を許容する. 不変線分場を許容する f の例は拡大トーラス写像であるが,「拡大トーラス自己同型(より正確には, その被覆写像も含む)のみが $J(f)$ 上で線分場を許容する」という予想が存在する. この予想は双曲写像の稠密性予想より強い予想である.

さて, 無限回くり込み可能写像に戻ろう. 以前にヨッコスはくり込みに関して以下の判定条件を得ていた.

定理 42.1(ヨッコスの定理) もし c がマンデルブロ集合に属しているなら, $f_c(z) = z^2 + c$ が無限回くり込み可能であるか, $J(f_c)$ が不変線分場を持たず M が c で局所連結で

あるかのどちらかである．

この難しい定理を証明するために，ヨッコスはいくつかの繊細な構成を用いた．そのうちの一つで，$J(f_c)$ の局所連結性の証明に関連するものはヨッコスの「パズル分解」と呼ばれているもので，これにより $J(f_c)$ の近傍を細かい部分集合によって覆うことが可能になる．マクマレンは無限回くり込み可能の場合を研究して，次の主結果を得た．

定理 42.2（マクマレンの定理） もし $f_c(z) = z^2 + c$ が無限回くり込み可能な実多項式であるなら，$J(f)$ は不変線分場を持たない．

この定理とヨッコスの定理は，無限回くり込み可能な実2次多項式の完全な記述を与えるものとなっている．

3次元双曲幾何学との関連． マクマレンの証明は非常に興味深いもので，幾何学と擬共形写像の理論からのアイディアにほとんど依拠している．彼は指導教官のデニス・サリヴァンに従っているのである．サリヴァンは複素力学系と3次元双曲空間の幾何学の間の非常に良い類似を発見した．この関連について，詳しく説明してみよう．

円周上で2次元のファイバーを持つ3次元多様体のファイバー束 M^3 を考えよう．W. サーストンは1970年代の終わりに，3次元多様体の分類に関する彼のプログラムで，そのような多様体が双曲計量を許容することを証明した．そのような多様体に付随する力学系は以下のようにして構

成できる. S を種数が $g \geq 1$ の 2 次元曲面として, $\rho : \pi_1(S) \longrightarrow \mathrm{Aut}(\widehat{\mathbb{C}})$ とする. 任意の同型写像 $\psi : S \longrightarrow S$ に対して以下の条件を満たす表現 ρ を選ぶことができる.

すべての $\alpha \in \mathrm{Aut}(\widehat{\mathbb{C}})$ に対して $\rho : \psi_*^{-1}(\gamma) = \alpha \rho(\gamma) \alpha^{-1}$
(42.4)

このような ρ は ρ の共役類上の作用 ψ に対する固定点である. すると, 空間

$$M_\psi^3 = S \times [0,1]/(s,0) \sim (\psi(s),1), \ s \in S \quad (42.5)$$

は円周上にファイバーを持つ 3 次元双曲空間になる.

球面上の共形自己同型 $\mathrm{Aut}(S^2) = \mathrm{Aut}(\widehat{\mathbb{C}})$ は双曲空間 H^3 の等長写像に拡張することができ, M_ψ^3 は H^3/Γ に同型である. ここで, Γ は H^3 上の変換群からなるクライン群である. すると, Γ の H^3 上の作用と多項式写像 $f : u \longrightarrow v \ (u, v \in \mathbb{C})$ の繰り返しにより生成される複素力学系との間に深い類似が存在することが明らかになる.

たとえば, ジュリア集合に対応するクライン群の極限集合やクライン群自身は 2 次写像の類似である. M_ψ^3 上の異なる双曲構造はファイゲンバウム - チタノヴィッチ方程式と呼ばれている方程式

$$f^p(z) = \alpha^{-1} f(\alpha, z) \quad (42.6)$$

の異なる解に対応する. ここで $\alpha \in \mathbb{C}^*$ であり, f^p は写像 f の p 回の繰り返しである.

クライン群のテータ予想. マクマレン - ヨッコスのくり込

み定理（定理 42.1, 42.2）はクライン群の観点から再定式化をすることができる．特にマクマレンは，タイヒミューラー空間の埋め込み写像はタイヒミューラー計量で縮小写像になっているという，クラのテータ予想を証明した．縮小性の条件は，本質的に純粋に幾何学的なものであるが，リーマン面の基本群の従順性の性質として代数的定式化も許容する．これらの結果によりマクマレンはサーストンの理論を新しい眼で見ることができた．彼のアプローチのひとつの帰結として，双曲空間における有名なモストウの剛性定理の実質的な一般化がある．マクマレンが得た興味深い結果は，写像 $f(z)=\lambda z+z^2$ に対するジーゲル円板の構造の研究である．ここで $\lambda=e^{2\pi i\theta}$ であり θ は 2 次の無理数である．

マクマレンの興味分野は急速に広がっている．直近の結果だけを紹介すると，近年，M. リュービッチ，G. スウィアテク，J. グラチクとの共著論文で，ジュリア集合とマンデルブロ集合の双曲性の仮定や局所連結性が証明された．

2002 年の受賞者

ローラン・ラフォルグ

ラングランズ予想．ローラン・ラフォルグは関数体上の一般線形群 $GL(n)$ に関するラングランズ問題を解決し，フィールズ賞を受賞した．$GL(2)$ の場合から一般の $GL(n)$ の場合への移行ははかり知れないほどの技術的困難が伴う

ものであるし，また新しいアイディアも必要であった．

ここでは，ラフォルグの完全な証明には専門雑誌を 600 ページ使う必要があることを言えば十分であろう．彼の結果の興味深い系として，グラスマン多様体（n 次元空間における $r(<n)$ 次元部分平面の集合）のシューベルト胞のコンパクト化の構成がある．これらの結果は幾何学と組み合わせ論（マトロイド論やポリトープ論）で非常に興味深い応用があり，近年活発な研究対象になっている．

ウラジーミル・アレクサンドロヴィッチ・ヴォエヴォドスキー

ウラジミール・ヴォエヴォドスキーの仕事は代数トポロジーと代数幾何が交わるところに位置している．彼の達成した成果は，代数多様体に対するホモトピー論と，K 理論の重要な問題であるミルナー予想の解決である．ヴォエヴォドスキーの業績に関しては一般的な印象のみを述べるに留めることにする．きちんと議論するためには，多数の紙数が必要であるし，読者にも相当の基礎が求められるからである．

代数多様体のホモトピー論．ヴォエヴォドスキーは代数多様体の位相不変量についての前途有望な理論を構成した．彼の導入した構成法はかなり非自明なものである．位相多様体は十分「柔らかい」構造（連続的変形を許容する）を持つ一方，代数多様体は「硬い」構造を持っており代数方程式により決定される．それにもかかわらず，位相不変量に関する理論を展開することが可能なのである．それは代

数的 K 理論とグロタンディークのモチーフ幾何学のアイディアに基づいている．ヴォエヴォドスキーはある体に係数を持つ代数多様体のコホモロジーを定義するため，これらのアイディアを混合させた．彼はこのようなコホモロジーを「モチーフ的コホモロジー」と呼んでいる．この方法で彼は代数多様体上の代数サイクルの構造に関する A. ベイリンソンと S. リヒテンバウムによるある予想を証明し，代数的 K 理論のキレンの結果を再証明した．

モチーフ的コホモロジーを研究する際，ヴォエヴォドスキーには主に S. ブロックと A. ススリンという先人がいた． A. ススリンはモチーフ的コホモロジーに関する予備的アイディアを持った数学者のひとりである．彼はヴォエヴォドスキーのいくつかの重要な論文の共著者でもある．

ヴォエヴォドスキーのアプローチによって，特異ホモロジーや特異コホモロジー，コボルディズム理論等々を含む代数トポロジーの主要な概念を代数多様体に持ち込むことができるようになった．

ミルナー予想．彼の理論の帰結のひとつに，有限群のガロア群のコホモロジーと 2 次形式の関係に関するミルナー予想の証明がある．この証明の難しさを想像するには，定理の最も簡単な場合が，有限体 K のアーベル拡大を決定する古典的なクンマーの定理と同値であることに考えればよい．

ミルナー予想を解決するに当たり，ヴォエヴォドスキーは美しい具体的な結果を多数得たが，代数多様体論におけ

る深い洞察のほうが重要であるように思われる．代数多様体のモチーフ的コホモロジーおよびより一般的なホモトピー論は，代数トポロジーの強力な道具を使った代数多様体の新しい研究の扉を開いたと言える．それは，1950年代や1960年代におけるA. グロタンディークとその後継者たちによる偉大な成果に続く，新たな一歩となるものである．

2006年の受賞者

アンドレイ・ユーリエヴィッチ・オクンコフ

アンドレイ・オクンコフの結果は数学と数理物理のいくつかの分野——群の表現論，代数多様体のモジュライの理論，ひも理論や統計物理——に関するものである．オクンコフの業績は，一見科学の別領域に見えるような分野間で予想することが非常に難しい関連性を明らかにするものであったが，それ以上に，数学の発展が一続きであることを示したのだった．

彼の研究は対称群 S_n の研究に始まる．対称群の研究はG. フロベニウス，A. ヤング，I. シューアやその後継者たちによって，表現論のほぼ完全な理論が作られていた．多原子分子の電子項の分類問題，剛体の回転の量子化，ボーズ–アインシュタイン統計やフェルミ–ディラック統計等に置換群の表現論が応用されていることはよく知られているところである．

対称群 S_n の表現論は1960年代初頭に代数幾何，可積分

系，無限次元リー群といった数学の多数の異なる分野への興味深い応用が発見され，息を吹き返すこととなった．特に興味深いのは，置換からなる無限群 S_∞ の理論とランダム分割の理論という，ふたつの研究の可能性であった．置換群の最も新しい理論では非常に重要な貢献がモスクワ学派とレニングラード（現在のサンクトペテルブルク）学派によりなされている（G. オルシャンスキー，A. ヴェルシーク，S. ケロフ）．

A. オクンコフが得た事実上最初の結果は，これらの数学者との共同研究からであった．たとえば，彼は S_∞ の表現に関連した E. トーマの有名な定理の新しい証明を発見している．しかし，彼の得た最もオリジナルな結果はランダム分割の理論である．

ランダム分割と統計的格子系． 統計物理学においては，自由エネルギー（分配関数 Z）に対する解析的公式を見つけることのできる系（すなわち，可解格子系）がほとんど存在しない．有名な例は 2 次元イジング模型である．そこでは分割関数に対する解析的表現が 1944 年に L. オンサーガーによって発見されている．オンサーガーの結果はそれ自体が重要であるのみならず，証明の美しいアイディアもまた重要である．厳密解を有するその他の系はあまり多くないが，例としていわゆる 2 次元ダイマーがある．

2 次元ダイマー． 長方形の格子である 2 次元格子 $L \subset \mathbb{R}^2$ を考えよう．ダイマーは L の二つの頂点を占めているダンベルのような「分子」である．ダイマー問題は，どの頂

点も二つのダイマーによって覆われないようにしながら格子 L を覆う選び方がどのくらいあるかを問う問題である. もし N 個の頂点があるなら, N は偶数でなければならず, ダイマーの数は $N/2$ 個である. この問題の最も簡単な例は, 8×8 のチェスボードをドミノで覆うとき, 何通りの覆い方があるかという問題になる. この場合の解答は M. フィッシャーが得ており, $2^4\cdot(901)^2$ である. 一般の場合は,

$$Z = (m!2^m)^{-1}\sum b(p_1, p_2)b(p_3, p_4)\cdots b(p_{N-1}, p_N) \quad (45.1)$$

で与えられる. ここで, $m=\dfrac{N}{2}$ であり, 和はすべての置換 $P=\{p_1,\cdots,p_N\}$ にわたり, i, j が隣同士の頂点なら $b(i,j)=1$ であり, そうでないなら $b(i,j)=0$ である.

興味深いのは $N\longrightarrow\infty$ (いわゆる熱力学的極限) の場合であり, その場合は物理学者の P. カステレインが長方形の格子行列 A のパフィアンを用いることによって分割関数 Z を計算することに成功した. すなわち, この場合 Z は

$$Pf(A) = (m!2^m)^{-1}\sum \varepsilon_p a(p_1, p_2)a(p_3, p_4)\cdots a(p_{N-1}, p_N) \quad (45.2)$$

と表すことができる. ここで $a(i,j)=-a(j,i)$ であり, 偶置換に対しては $\varepsilon=+1$, 奇置換に対しては $\varepsilon=-1$ である. もし A が元 $a_{ij}=a(i,j)$ を持つ $N\times N$ 行列であるなら, $Pf(A)=(\det A)^{\frac{1}{2}}$ が成り立つ. 6 角形格子のダイマー問題が長方形格子に対するイジング模型と同値であることには注意すべきである. これらの結果は 1960 年代に知られていた. ほぼ 40 年経って, オクンコフは, R. ケニヨン

とS. シェフィールドと共同でダイマーの問題と実代数幾何学の注目すべき関係を発見したのである．彼らは周期的2次元2部グラフ Γ という，より一般的な平面上の格子を考える．このグラフに対して，似たような作用素（行列）A（「カステレイン作用素」）を付随させることができる．

重要なのは，Γ 上のダイマー配置に作用するカステレイン作用素 A を，標準格子 $\tilde{L}=Z\otimes Z$ により決定される基底 (z_n, w^k) を用いて表現することができるということである．ここで，$(z_n, w^k) \in C^*\otimes C^*$ は $\tilde{L}$ の指標である．この基底のもと，作用素 A は $P(z,w)=\det A$ を満たす $P(z,w)$ の形を持つ．この行列式は実係数を持つ $z^{\pm 1}$, $w^{\pm 1}$ の多項式であり，その零点は実平面曲線を定義する．

これらの方程式 $P(z,w)=0$ は，19世紀に A. ハルナックが研究した実代数曲線の注目すべきクラスに属する．近年，これらの曲線が実代数幾何の理論で特別な注目を集めている．「平面ダイマーとハルナック曲線」というケニヨンとの共著論文で，オクンコフは卵形ハルナック曲線の滑らかな成分の位置について研究を行っている．これらの曲線はアメーバの形にも似た非常に洗練された形を持っている．三つの卵形曲線が系の三つの異なる物理状態（ガス，液体，氷結）に対応していることは驚くべきことである．アメーバ自身は液体状態に対応し，その補集合の有界部分がガス状態に，非有界部分が氷結状態に対応している．オクンコフとケニヨンはすべてのハルナック曲線があるダイマーモデルの特別な曲線であることを証明した．

3次元ランダム曲面論. ダイマーの他の応用としては,3次元空間のランダム曲面の理論がある. オクンコフはケニヨンとの共同研究で,周期的平面2部グラフのダイマーモデルの高さ関数に関連したランダム曲面のクラスを研究した. そのような曲面の表面張力は複素バーガーズ方程式に還元されるオイラー–ラグランジュ方程式を満たす. 非常に幅広いクラスの境界条件のもと,この方程式の解は代数関数になる. ランダム行列論を含んだ多数の興味深い応用がこれらの優れた論文で得られている.

R. パンダリパンドとの共同研究で,オクンコフは曲線のグロモフ–ウィッテン(GW)不変量の問題を研究している. 代数多様体 V の GW 不変量は V の中の種数 g の複素曲線 C の異なる写像の数を評価する不変量であり,像 Image C はある追加条件を満たす2次元ホモロジー群 $H_2(V,\mathbb{Z})$ に属する. これらの不変量を計算することは,$g=0$(有理曲線)かつ V が1点であるような場合であっても非常に難しい問題である. ウィッテンは V が1点の場合について,GW 不変量の母関数が KdV 方程式の τ 関数によって決定されるという美しい予想を提出した.

オクンコフとパンダリパンドは V が1点の場合のみならず,$V=CP^1$ の場合について完全な証明を発見した. この場合,母関数は可積分系の戸田階層と呼ばれる τ 関数に関係している. 彼らは交点数に対する非常に明示的な公式を発見した. これらの公式は GW 不変量とフルヴィッツ数を結びつける. フルヴィッツ数とは,与えられた点で分

岐指数を所与としたときの V の分岐被覆の数のことであり，1892 年に優れた数学者である A. フルヴィッツにより導入された．付言しておくと，フルヴィッツ数は組み合わせ論的に計算することができ，対称群の表現論の言葉で与えることができる．数学の発展の連続性をここにも見出すことができる．

紙数が足りないため，オクンコフと共同研究者たちによるサイバーグ–ウィッテン理論，および 3 次元多様体のトポロジーに関する重要な結果は割愛することにする．オクンコフの仕事は，物理学者と数学者の緊密な連携が純粋数学の素晴らしい成果をもたらすという，近年の実り豊かな傾向に沿うものである．

グレゴリー・ヤコヴレヴィッチ・ペレルマン

3 次元ポアンカレ予想の解決．ペレルマンは 3 次元ポアンカレ予想の証明とサーストンの幾何プログラムでの業績により，フィールズ賞を受賞した．フィールズ賞委員会の公式発表はこれらの言葉を避け，リッチ流*の研究における彼の成果にしか言及していない．

ポアンカレ自身は，基本群の自明性が 3 次元球面 S^3 を一意に決定づける可能性について問うたにすぎず，彼は解を明確に定式化していないが，3 次元単連結多様体が標準的球面 S^3 に位相同型（そして微分同相）であるという主

---

* ［訳注］偏微分方程式(46.1)を満たすリーマン計量の族を「リッチ流」という．

張は「ポアンカレ予想」と呼ばれることになった．何世代にもわたるトポロジストの努力にもかかわらず，この問題は長い間未解決のままであった．

さらに，この予想が正しくないかもしれないという深刻な理由があった．純粋なトポロジーの手法はこの問題の解決に役立たなかったが，この問題に対する新しい洞察は1970年代の後半に現れた．まず，サーストンが3次元多様体の研究の特別な場合としてポアンカレ予想を含んだ彼の幾何プログラムを展開させた．次に，3次元多様体と4次元多様体を研究するための解析的なアプローチが活発に発展した．そこで重要な役割を演じているのは，サーストン予想とポアンカレ予想の解決に解析的手法を提案したR. ハミルトンの仕事である．ハミルトンは

$$\frac{\partial g(t)}{\partial t} = -2\operatorname{Ric}(g) \qquad (46.1)$$

に従う M^3 のリーマン計量 $g(t)$ の時間発展方程式を研究した．ここで $\operatorname{Ric}(g)$ は $g(t)$ のリッチ・テンソルである．

ハミルトンは次の重要な定理を証明した．

定理 46.1（ハミルトンの定理） 正のリッチ曲率を許容するすべての連結多様体 M^3 は，定断面曲率のリーマン計量も許容する．

そのような多様体は，標準的球面 S^3，または S^3 を有限巡回群の作用で割ったレンズ空間と呼ばれる空間である．特に，M^3 が単連結なら，S^3 に位相同型かつ微分同相な多

様体を得る．この定理を適用するためには，正のリッチ曲率をいたるところで持つリーマン計量の存在を証明しなくてはならない．残念なことにリッチ流の性質はそのような計量の構成を非常に難しくしていた．リッチ流は有限個の特異点を持ち，この特異点をどのように回避したらよいかが全く明らかではない．この方向でいくつかの成功はあったものの，ハミルトンはリッチ流を回避する問題の解決には成功しなかった．ペレルマンはこの問題を解決したのである．（流れのエントロピーという）統計物理学のアイディアからA. D. アレクサンドロフの内在的幾何学のアイディアまで，数々のアイディアを用いて彼はリッチ流の特異点を解消する理論を開発することに成功し，したがってポアンカレ予想を肯定的に解決し，さらに3次元多様体に対する一般的なサーストンの定理を証明したのである．

テレンス・タオ（陶哲軒）

　任意の長さの等差数列．テレンス・タオは整数論，組み合わせ論，偏微分方程式論，調和解析論といった数学のいくつかの分野で仕事をしている．驚くべきことかもしれないが，このように異なる数学の分野が，近年緊密に織り合っている．これは，J. ブルガン，C. フェファーマン，T. ガワーズをはじめとする多数の現代数学者の仕事により次第に明らかになってきたことである．タオの主要な成果はベン・グリーンとの共同研究である．素数の集合における等差数列に関する定理である．

定理 47.1（タオ-グリーンの定理） 任意の $k \geq 3$ に対して，素数の集合は無限個の k 項等差数列を含む．

この定理を証明することはとても難しく，タオ以前に優れた整数論研究者たちの得ていた結果は二つだけ，しかもいずれも部分的なものであった．1939 年に J. G. ファン・デル・コルプトは素数の集合の中には 3 項の等差数列が無限個存在することを証明した．その次の結果は 1981 年に，D. R. ヒース=ブラウンがファン・デル・コルプトの結果を強めて，三つは素数で一つはほとんど素数（素数か二つの素数の積）からなる 4 項の等差数列が無限個あることを証明した．

結果そのものに劣らず，証明方法もまた興味深い．証明はエルゴード論，調和解析論や組み合わせ論のアイディアを含んでおり，特に，最初の段階で使われているのは有名なセメレディの定理である．この仕事に関連して，タオはセメレディの定理の新しい証明を得ている．

加法的組み合わせ論． これらの注目すべき結果は，タオとその後継者たちによって開発された「加法的組み合わせ論」という一般理論に含まれるものである．彼らの目標は，たとえば整数といった一般的な集合の加法的性質を幾何学的，解析的に研究することである．この一般理論の範囲の中にタオが掛谷問題を含めているのは驚くに値しない．掛谷集合は組み合わせ論，調和解析論や偏微分方程式論といった多数の数学の分野で現れる集合である．ブルガ

ンとフェファーマンの節で，掛谷集合のいくつかの性質についてはすでに紹介している（127, 163 ページ参照）．主な未解決問題のひとつとして，「ベシコヴィッチ集合」$E \subset \mathbb{R}^n$ のフラクタル次元 $\beta(n)$ を評価する問題がある．タオはネッツ・カッツとの共同研究で非常に鋭い評価 $\beta(n) \geq \dfrac{4n+3}{7}$ を得た．

その他，優れた解析的テクニックを用いてタオは数学の多数の分野で第一級の業績を挙げている．I. コリアンダー，M. キール，G. スタフィラーニ，高岡秀夫との共同研究で，彼は3次元非線形シュレーディンガー方程式

$$i\frac{\partial u}{\partial t} + \Delta u = \pm |u|^{p-1}u, \ u(x,0) = u_0(x) \quad (47.1)$$

の大域解の存在を証明している．ここで，u は $(x,t) \in \mathbb{R}^3 \times \mathbb{R}$ の複素数値関数であり $p > 1$ である．

近年，彼はナヴィエ-ストークス方程式の解に関する新しいテクニックを開発している．

ウェンデリン・ウェルナー

ウェンデリン・ウェルナーの得た結果は現代物理学と確率論が混ざり合ったものである．この言葉は少し補足を要する．

ここ 40 年の理論物理学の展開において，印象的な成果のひとつは臨界現象の理論を構成したことであった．相転移点の近傍における相関関数の共形不変性に関するいくつかの予想を用いることによって，一般化されたイジング-

ポッツ模型,浸透過程等を含む統計的系の適切な臨界指数が計算された.それに加えて共形場の理論との関係も確立された.このように素晴らしい成果が挙がっていたものの,共形不変性に関する主定理を含む多数の基本的定理の証明が未解決のままであった.

一方で,確率論の研究者によって研究されてきた確率過程の理論では共形不変性が証明されていた.主な例のひとつは2次元ブラウン運動である.この結果は50年前にポール・レヴィによって証明された.数学者と物理学者の過去数十年にわたる緊密な接触により,確率論の専門家が物理学の優れた定理を厳密に証明したのである.この交流の結果として,現代数学の興味深い領域が創設された.そこでは確率論,複素多様体論,理論物理学の美しいアイディアが渾然一体となっている.まさしくこの流れの中で,W. ウェルナーの結果が得られたのである.

統計的レヴナー方程式. きっかけは O. シュラムの論文(2000年)であり,そこで彼は連続極限における統計的系の広いクラスに対する方程式を導出した.実り豊かなシュラムのアイディアは,K. レヴナーの(1920年代の)ほとんど忘れ去られていた古い論文から得たものであった*.レヴナーは,実軸上の1点 $\gamma(0) \in \mathbb{R}$ を出発点として時間 $t \in [0, \infty)$ とともに上半平面 $\mathbb{H} \subset \mathbb{C}$ の中を単調に伸びてい

---

* これもまた,よい数学的結果は決して消え失せることがないという例のひとつである.いつ再び用いられるか誰もわからないのである.

く曲線 $\gamma(t)$ の振舞いを研究した.リーマンの写像定理より $H\setminus\gamma([0,t))$ から H への共形変換 $g_t(z)$ が存在する.この変換 $g_t(t)$ により,$R\cup\gamma([0,t))$ は R に移される.$U(t)=g_t(\gamma(t))\in R$ として定義される関数は駆動関数と呼ばれる.

レヴナーは,共形変換 $g(t)$ の観点から曲線 $\gamma(t)$ の振舞いを決定する方程式を提案した.その方程式(レヴナーの発展方程式)は

$$\frac{\partial g_t(z)}{\partial t} = \frac{2}{g_t(z)-U(t)} \quad (48.1)$$

と表される.シュラムのアイディアは,実軸上を走る駆動関数 $U(t)$ をある速度 k で進むブラウン運動 $\gamma(t)=\sqrt{k}B(t)$ で置き換えることであった.するとシュラムにより「統計的レヴナー方程式」SLE_k と命名された方程式

$$\frac{\partial g_t(z)}{\partial t} = \frac{2}{g_t(z)-\sqrt{k}B_t} \quad (48.2)$$

を得る.この方程式はパラメータ k に決定的に依存しており,注目すべき性質を持つ.$k \leq 4$ である場合,(確率 1 の)SLE_k は a と b でのみ ∂D と接する単純な経路になる.ここで注目すべきは,異なる k に対するこれらの方程式がある有名な 2 次元格子系のスケール極限になっていることである.これらの方程式に関する主結果は G. ローラー,O. シュラム,W. ウェルナーたちの共著で得られている.これらの重要な結果の例を紹介することにしよう.

格子の間隔が零に収束する一方段階の数が極限に発散するとき,格子 $Z^2 \in R^2$ 上の酔歩はブラウン運動に収束する

という古典的結果を思い出そう.この結果は任意の次元 d で成立する.物理学の言葉で言えば,これはブラウン運動が格子 $\mathbb{Z}^2$ 上の酔歩の連続極限であるということになる.この観点から SLE_k には注目すべき普遍性の性質がある.それは多数の離散統計的系がある定値 k の SLE_k をその連続極限として持つということである.たとえば,2次元格子上のループ消去型酔歩の連続極限は SLE_2 になる.

マンデルブロ予想. この方向でのその他の重要な結果としては,浸透クラスタ境界の連続極限の共形不変性の証明である.臨界指数に対しては,共形場の理論(CFT)のアイディアに基づいた J. カーディーによる発見的公式が存在していた.S. スミルノフは三角格子に対してこの予想を証明した.彼は三角格子上の臨界浸透の連続極限が SLE_6 と等しくなることを証明した.のちに,このアプローチに基づいてウェルナーはスミルノフとの共同研究で臨界指数を計算した.ウェルナーと彼の共同研究者たちによって得られた既知の結果の流れから,マンデルブロ予想を引用しよう.

定理 48.1(マンデルブロ予想) $W(t)$ を 2 次元ブラウン運動とする.曲線の線分 $W([0,t])$ の平面内の補集合は開集合の可算個の交わりであり,それらのうちひとつは無限集合である.無限集合の境界はブラウン境界と呼ばれている.

後に,シュラムとウェルナーはマンデルブロ予想を証明

した．ブラウン境界のハウスドルフ（フラクタル）次元は 4/3 である．この主張は SLE_6 との関係から導出することができる．

フィールズ賞受賞者・委員会メンバー一覧

* ゴシック体の人名は受賞者,明朝体の人名は委員会メンバーを表す.

1936年(スウェーデン,オスロ)
ジェス・ダグラス,ラース・アールフォルス

フランチェスコ・セヴェリ(議長),ジョージ・バーコフ,コンスタンティン・カラテオドリ,エリー・カルタン,高木貞治

1950年(アメリカ,ケンブリッジ)
ローラン・シュワルツ,アトル・セルバーグ

ハラルド・ボーア(議長),ラース・アールフォルス,カロル・ボルスク,モーリス・フレシェ,ウィリアム・ホッジ,ダモダル・コーサンビー,アンドレイ・ニコラエヴィッチ・コルモゴロフ(不参加),マーストン・モース

1954年(オランダ,アムステルダム)
ジャン=ピエール・セール,小平邦彦

ヘルマン・ワイル(議長),エンリコ・ボンピアーニ,フローラン・ビュロー,アンリ・カルタン,アレクサンドル・オストロフスキー,アルネ・プレイェル,セゲー・ガーボル,エドワード・チャールズ・ティチマーシュ

1958年(スコットランド,エディンバラ)
クラウス・フリードリッヒ・ロス,ルネ・トム

ハインツ・ホップ(議長),コマラヴォル・チャンドラセカラン,カート・フリードリックス,フィリップ・ホール,アンドレイ・ニコラエヴィッチ・コルモゴロフ,ローラン・シュワルツ,カール・ルートヴィヒ・ジーゲル

1962 年（スウェーデン，ストックホルム）
ラース・ヘルマンダー，ジョン・ミルナー

ロルフ・ネヴァンリンナ（議長），パーヴェル・セルゲーヴィッチ・アレクサンドロフ，エミール・アルティン，チャーン・シン・シェン（陳省身），クロード・シュヴァレー，ラース・ガーディング，ハスラー・ホイットニー，吉田耕作

1966 年（ソビエト，モスクワ）
スティーヴン・スメール，ポール・コーエン，アレクサンドル・グロタンディーク，マイケル・フランシス・アティヤー

ジョルジュ・ド・ラーム（議長），ハロルド・ダヴェンポート，マックス・デューリンク，ウィリアム・フェラー，ミハイル・アレクセーヴィッチ・ラヴレンチェフ，ジャン＝ピエール・セール，ドナルド・スペンサー，ルネ・トム

1970 年（フランス，ニース）
アラン・ベイカー，セルゲイ・ペトロヴィッチ・ノヴィコフ，ジョン・トンプソン，広中平祐

アンリ・カルタン（議長），ジョン・ドゥーブ，フリードリヒ・ヒルツェブルフ，ラース・ヘルマンダー，彌永昌吉，ジョン・ミルナー，イゴール・ロスティスラヴォヴィッチ・シャファレヴィッチ，ポール・トゥラン

1974 年（カナダ，ヴァンクーヴァー）
デイヴィッド・マンフォード，エンリコ・ボンビエリ

コマラヴォル・チャンドラセカラン（議長），ジョン・アダムス，小平邦彦，ベルナール・マルグランジュ，アンジェイ・モストフスキー，レフ・セミョーノヴィッチ・ポントリャーギン，ジョン・テート，アントニー・ジグムント

1978 年（フィンランド，ヘルシンキ）
ピエール・ドゥリーニュ，ダニエル・キレン，グレゴリー・アレクサ

ンドロヴィッチ・マルグリス，チャールズ・フェファーマン

ディーン・モンゴメリー（議長），ヨアン・マッケンジー・ジェイムズ，レナート・カールソン，マルティン・アイヒラー，ユルゲン・モーザー，ユリー・ヴァシリェヴィッチ・プロホロフ，ベーラ・セーケルファルヴィ=ナジ，ジャック・ティッツ

1983年（ポーランド，ワルシャワ）*
アラン・コンヌ，ウィリアム・サーストン，ヤウ・シン・トゥン

レナート・チャールソン（議長），荒木不二洋，ニコライ・ニコラエヴィッチ・ボゴリュボフ，ポール・マリアヴァン，デイヴィッド・マンフォード，ルイス・ニレンバーグ，アンジェイ・シンゼル，チャールズ・テレンス・クレッグ・ウォール

1986年（アメリカ，バークレー）
サイモン・ドナルドソン，ゲルト・ファルティングス，マイケル・フリードマン

ユルゲン・モーザー（議長），マイケル・フランシス・アティヤー，ピエール・ドゥリーニュ，ラース・ヘルマンダー，伊藤清，ジョン・ミルナー，セルゲイ・ペトロヴィッチ・ノヴィコフ，コンジェーヴァラム・S. セシャードリ

1990年（日本，京都）
ウラジーミル・ゲルショノヴィッチ・ドリンフェルト，エドワード・ウィッテン，ヴォーン・ジョーンズ，森重文

リュードヴィック・ドミトリエーヴィッチ・ファデーフ（議長），マイケル・フランシス・アティヤー，ジャン・ミシェル・ビスミュー，エンリコ・ボンビエリ，チャールズ・フェファーマン，岩澤健吉，ピーター・D. ラックス，イゴール・ロスティスラヴォヴィッチ・シャファレヴィッチ，ジョン・グリッグズ・トンプソン

---

* この会議は1982年に開かれる予定であったが，1981年12月にポーランドに戒厳令が布告されたため，1983年に延期された．

1994 年（スイス，チューリッヒ）
ジャン・ブルガン，ピエール＝ルイ・リオン，ジャン＝クリストフ・ヨッコス，エフィム・ゼルマノフ

デイヴィッド・マンフォード（議長），ルイス・カッファレッリ，柏原正樹，バリー・メイザー，アレクサンダー・シュライファー，デニス・サリヴァン，ジャック・ティッツ，S. R. スリニヴァザ・ヴァラダン

1998 年（ドイツ，ベルリン）
リチャード・ボーチャーズ，ティモシー・ガワーズ，マキシム・コンツェヴィッチ，カーティス・マクマレン，アンドリュー・ワイルズ（特別表彰）

ユーリ・イヴァノヴィッチ・マニン（議長），ジョン・ボール，ジョン・コーツ，J. J. ドイステルマート，マイケル・H. フリードマン，ユルク・フレーリッヒ，ロバート・マクファーソン，斎藤恭司，スティーヴン・スメール

2002 年（中国・北京）
ローラン・ラフォルグ，ウラジーミル・アレクサンドロヴィッチ・ヴォエヴォドスキー

ヤコフ・シナイ（議長），ジェームズ・アーサー，スペンサー・ブロック，ジャン・ブルガン，ヘルムート・ホーファー，伊原康隆，H. ブレーン・ローソン，セルゲイ・ペトロヴィッチ・ノヴィコフ，ジョージ・パパニコラウ，エフィム・イサーコヴィッチ・ゼルマノフ

2006 年（スペイン，マドリッド）
テレンス・タオ（陶哲軒），グレゴリー・ヤコヴレヴィッチペレルマン（受賞を辞退），アンドレイ・ユーリエヴィッチオクンコフ，ウェンデリン・ウェルナー

ジョン・ボール（議長），エンリコ・アルバレッロ，ジェフ・チージャー，ドナルド・ドーソン，ゲルハルト・フイスケン，カーティス・マクマレン，アレクセイ・パルシン，トム・スペンサー，ミシェル・ヴェルニュ

2010 年 (インド,ハイデラバード)
エロン・リンデンシュトラウス,スタニスラフ・スミルノフ,ゴ・バオ・チャウ,セドリック・ヴィラニ

ラースロー・ロヴァース (議長),コラド・デ・コンチーニ,ヤコフ・エリアシュベルク,ピーター・ホール,ティモシー・ガワーズ,モク・ガイ・ミン (莫毅明),ステファン・ミューラー,ピーター・サーナク,カレン・ウーレンベック

参考文献

* より詳しい文献情報を得たい読者は，国際数学者会議の紀要（Proceedings of the International Congress of Mathematicians）を参照されることを薦める．ほとんどすべての受賞者が総会や分科会で講演を行っており，しかも複数回行う場合もある．受賞者の言葉は紀要に印刷され，彼らの得た結果を知るよい資料となる．
* 国際数学者会議の歴史を概観するには [Al] がよい．1893年にシカゴで初めて開かれて以来，約1世紀にわたる会議の歩みを，多数の写真とともに紹介している．
* H. トロップの記事 [Tr] にはフィールズ賞創設に関する基礎資料（フィールズの遺書含む）が掲載されている．J. デュドネは浩瀚な著作 [Di1-4] で20世紀数学の歴史的研究を試みている．
* 1991年，「数学研究の現在とこれから」と題する会議がバルセロナで開催され，7人のフィールズ賞受賞者（コンヌ，ファルティングス，ジョーンズ，ノヴィコフ，スメール，トム，ヤウ）が寄稿した．会議の紀要は科学的興味を非常にかき立てるもので，数学全体と各人の専門分野の両方について，世界を代表する数学者たちの見解が述べられている [MR]．

[ADHM] M.F. Atiyah, V. G. Drinfel'd, N. Hitchin and Yu. I. Manin. "Construction of instantons." *Physics Letters.*, **A65**, 3 (1978), 185-187.

[AG] L. Alvarez-Gaumé. "Supersymmetry and the Atiyah-Singer index theorem." *Comm. Math. Phys.*, **90** (1983), 161-173.

[AGV] V. I. Arnol'd, S. M. Gusein-Zade and A. N. Varchenko. *Singularities of Differentiable Maps*, 2 vols. Boston: Birkhäuser, 1985, 1988 (translated from Russian).

[Ah1] L. Ahlfors. "Zur Theorie der Uberlagerungsflachen." *Acta*

Mathematica, **65**(1935), 157-194.

[Ah2]   L. V. Ahlfors. *Collected Papers*, 2 vols. Boston: Birkhauser, 1982.

[Al]   D. J. Albers, G. L. Alexanderson and C. Reid. *International mathematical congresses: an illustrated history 1893-1986*. New York: Springer, 1987. D. J. アルバース，G. L. アレクサンダーソン，C. リード（荒木不二洋監訳）『数学の祭典：国際数学者会議：1世紀のアルバム』，シュプリンガー・フェアラーク東京，1990.

[At1]   M. F. Atiyah. "Instantons in two and four dimensions." *Comm. Math. Phys.*, **93**(1984), 437-451.

[At2]   M. F. Atiyah. *Collected Works*, 5 vols. Oxford: Clarendon Press, 1988.

[Ba]   A. Baker, ed. *New Advances in Transcendental Theory*. Cambridge: Cambridge University Press, 1988.

[BCG]   E. Bombieri, E. de Giorgi and E. Giusti. "Minimal cones and the Bernstein problem." *Inventiones Mathematicae*, **7** (1969), 243-268.

[Be]   J. Bellissard. "Ordinary quantum Hall effect and non-commutative cohomology," in W. Weller and P. Ziesche, eds. *Proc. Conf. on Localization of Disordered Systems*. Leipzig: Teubner, 1988.

[BL]   J. Birman and X. S. Lin. "Knot polynomials and Vassiliev's invariants." *Invent. Math.*, **111**(1993), 225-270.

[Bl]   S. Bloch. "The points of view on knot theory." *Bull. Amer. Math. Soc.*, **28**, 2(1993), 253-287.

[BM]   J. Bourgain and V. D. Milman. "New Volume ration properties for convex symmetric bodies in $\mathbb{R}^n$." *Inventiones Mathematicae*, **88**, 2(1987), 319-340.

[BPZ]   A. A. Belavin, A. M. Polyakov and A. B. Zamolodchikov. "Infinite conformal symmetries in two-dimensional quantum field theory." *Nucl. Phys.*, **B241**(1984), 333-380.

[BT]   E. Bombieri and J. E. Taylor. "Quasicrystals, tiling and algebraic number theory: some preliminary convictions," in L. Keen, ed. *The Legacy of Sonya Kovalevskaya*. Providence: American Mathematical Society, 1987.

[BW]   A. Baker and G. Wüstholz. *Logarithmic Forms and Diophantine Geometry*. New Math. Monographs **9**. Cambridge: Cambridge University Press, 2007.

[Con] A. Connes. *Noncommutative Geometry*. New York: Academic Press, 1994. アラン・コンヌ（丸山文綱訳）『非可換幾何学入門』, 岩波書店, 1999.

[CS]   J. H. Conway and N. J. A. Sloane. *Sphere Packings, Lattices and Groups*, 2nd ed. New York: Springer, 1993.

[CIL] M. G. Crandall, H. Ishii and P.-L. Lions. "User's guide to viscosity solutions of second-order differential equations." *Bull. Amer. Math. Soc.*, **27**, 1(1992), 1-67.

[CL]   M. G. Crandall and P. L. Lions. "Viscosity solutions of Hamilton-Jacobi equations." *Trans. Amer. Math. Soc.*, **277**, 1(1983), 1-42.

[Da]   H. Davenport. *Multiplicative Number Theory*, 2nd ed. New York: Springer, 1980.

[DFN] B. A. Dubrovin, A. T. Fomenko and S. P. Novikov. *Modern Geometry*, 3 vols. Berlin: Springer, 1984-1990.

[DH]   A. Douady and J. H. Hubbard. "On the dynamics of polynomial-like mappings." *Ann. Sci. Ecole Norm. Sup (4)*, **18**(1985), 287-344.

[Di1] J. A. Dieudonné. *A History of Algebraic and Differential Topology 1900-1960*. Boston: Birkhäuser, 1989.

[Di2] J. A. Dieudonné. *History of Functional Analysis*. Amsterdam: North-Holland, 1981.

[Di3] J. A. Dieudonné. *A Panorama of Pure Mathematics as seen by N. Bourbaki*. New York: Academic Press, 1982.

[Di4] J. A. Dieudonné. "The beginnings of Italian algebraic geometry," in E. Phillips, ed. *MAA Studies in the History of Mathematics.* Washington, D.C.: MAA, 1987.

[DL] R. J. Di Prena and P. L. Lions. "On the Cauchy problem for Boltzmann equations: Global existence and weak stability." *Ann. Math.,* **130**, 2(1989), 321-366.

[DM] P. Deligne and G. D. Mostow. *Commensurabilities among Lattices in PU(1, n).* Ann. Math. Studies, 132. Princeton: Princeton University Press.

[Don] S. K. Donaldson. "Self-dual connections and the topology of smooth 4-manifolds." *Bull. Amer. Math. Soc.,* **8**, 1(1983), 81-84.

[Dou] J. Douglas. "Solution of the problem of Plateau." *Trans. Amer. Math. Soc.,* **33**, 1(1931) 263-321.

[Dr1] V. G. Drinfel'd. "Proof of the global Langlands conjecture for $GL(2)$ over a functional field." *Funkts. Anal. Pril.* **11**, 3(1977), 74-75 (in Russian). English transl.: *Funct. Anal. Appl.,* **11**, 3, 223-224.

[Dr2] V. G. Drinfel'd. "Quantum groups," in A. Gleason, ed. Proc. Berkeley IMC. Providence: American Mathematical Society, 1987.

[DS] V. G. Drinfel'd and V. V. Sokolov. "Lie algebras and KdV-type equations." *Sovr Probl. Nov. Dost.* 1984 (in Russian). English transl.: J. Sov. Math., **30**(1985), 1975-2035.

[Dy] F. J. Dyson. "Missed opportunities." *Bull. Amer. Math. Soc.,* **78**(1972), 635-652.

[Fa] L. D. Faddeev, N. Y. Reshetikhin and L. A. Takhtadjan. "Quantization of Lie groups and Lie algebras." *Alg. Anal.,* **1**(1989), 178-206 (in Russian). English transl.: *Leningrad Math. J.,* **1**(1990), 193-225.

[Fal] G. Faltings. "The proof of Fermat's last theorem by R. Taylor and A. Wiles." *Not. AMS,* **42**, 7(1995), 743-746.

[Fe] C. Fefferman. "The multiplier problem for the ball." *Ann.*

Math., **94**, 2(1971), 330-336.

[FKV] S. M. Finashin, M. Kreck and O. Y. Viro. "Exotic knottings of surfaces in the 4-sphere." *Bull. Amer. Math. Soc.*, **17**, 2 (1987), 287-290.

[Fl] A. Floer. "An instanton invariant for 3-manifolds." *Comm. Math. Phys.*, **118**(1988), 215-240.

[FM] M. Atiyah and D. Iagolnitzer, eds. *Fields Medalist Lectures*. Singapore: World Scientific, 1997.

[FH] M. H. Freedman and Z.-X. He. "Divergence-free fields: energy and asymptotic crossing numbers." *Ann. Math.*, **134**(1991), 189-229.

[FHW] M. H. Freedman, Z.-X. He and Z. Wan. "Möbius energy of knots and unknots." *Ann. Math.*, **139**(1994), 1-50.

[FKO] H. Fürstenberg, Y. Katznelson and D. Ornstein. "The ergodic-theoretic proof of Szemerédi's theorem." *Bull. Amer. Math. Soc.*, **7**(1982), 527-552.

[FLM] I. Frenkel, J. Lepowsky and A. Meurman. *Vertex Operators and the Monster*. New York: Academic Press, 1989.

[Fr] M. H. Freedman. "The topology of four-dimensional manifolds." *J. Differential Geom.*, **17**, 3(1982), 357-453.

[FT] W. Feit and J. G. Thompson. "A solvability criterion for finite groups and some consequences." *Proc. Nat. Acad. Sci. U.S.A.* **48**, 6(1962), 968-970.

[FU] D. S. Freed and K. K. Uhlenbeck. *Instantons and Four-Manifolds*, 2nd ed. New York: Springer, 1988.

[GKS] V. Guillemin, B. Kostant and S. Sternberg. "Douglas' solution of the Plateau problem." *Proc. Nat. Acad. Sci. USA*, **185**(1988), 3277-3278.

[GKZ] I. M. Gel'fand, M. M. Kapranov and A. V. Zalevinsky. *Discriminants, Resultants and Multidimensional Determinants*. Boston: Birkhäuser, 1994.

[GL] A. O. Gel'fond and Y. V. Linnik. *Elementary Methods in the*

	Analytic Theory of Numbers. Oxford: Pergamon Press, 1966.
[Gol]	E. Golod. "On some problems of Burnside type," in I. G. Petrovsky, ed. *Proc. Int. Math. Cong.*, 1968.
[Gor]	D. Gorenstein. *Finite Simple Groups*. New York: Plenum Press, 1982.
[GM]	M. Gorensky and R. Macpherson. *Stratified Morse Theory*. Berlin: Springer, 1989.
[Grom]	M. Gromov. "Hyperbolic groups," in S. Gersten, ed. *Essays in Group Theory*. Berlin: Springer, 1987.
[Grot1]	L. Schneps, ed. *The Grothendieck Theory of Dessins d'Enfents*. Cambridge: Cambridge University Press, 1994.
[Grot2]	P. Carter, L. Illusie, N. M. Katz, G. Laumon, Y. Manin and K. A. Ribet, eds. *The Grothendieck Festschrift: A Collection of Articles*, 3 vols. Boston: Birkhäuser, 1990
[He1]	D. Hejhal. "The Selberg grace formula for $PSL(2, \mathbb{R})$ I." *Lect. Notes Math.*, No. 548. Berlin: Springer, 1976.
[He2]	D. Hejhal. "The Selberg grace formula for $PSL(2, \mathbb{R})$ II." *Lect. Notes Math.*, No. 1001. Berlin: Springer, 1983.
[Hi]	N. J. Hitchin. "Monopoles and Geodesics." *Commun. Math. Phys.*, **83**(1982), 579-602.
[HG]	L. Hörmander and L. Gårding. "Why is there no Nobel Prize in mathematics?" *Math. Intelligencer*, **7**, 3(1985), 73-74.
[Hö]	L. Hörmander. *The Analysis of Linear Partial Differential Operators*, 4 vols. New York: Springer, 1985.
[HR]	H. Halberstam and K. F. Roth. *Sequences*, Vol. 1. Oxford: Clarendon Press, 1966.
[J1]	V. F. R. Jones. "A new knot polynomial and von Neumann algebras." *Not. Amer. Math. Soc.*, **33**(1986), 219-225.
[J2]	V. F. R. Jones. "Subfactors and knots." *CBMS*, No. 80. Providence: American Mathematical Society, 1991.

[J3]   V. F. R. Jones. "Knot theory and statistical mechanics." *Scientific American*, **263**, 5(1990), 98-103.

[Je]   R. Jensen. "The maximum principles of viscosity solutions of fully nonlinear elliptic particle differential equations." *Arch. Rat. Mech. Anal.*, **101**(1988), 1-27.

[Jo]   D. Joravsky. *The Lysenko Affair*. Chicago: University of Chicago Press, 1986.

[K1]   M. Kontsevich. "Deformation quantization of algebraic varieties." *Lett. Math. Phys.*, **56**, 3(2001), 271-294.

[K2]   M. Kontsevich. "Deformation quantization of Poisson manifolds." *Lett. Math. Phys.*, **66**, 3(2003), 157-216.

[Kac]   V. Kac. *Infinite-dimensional Lie Algebras*, 3rd ed. Cambridge: Cambridge University Press.

[Kat]   N. M. Katz. "An overview of Deligne's proof of the Riemann hypothesis for varieties over finite fields," in F. Browder, ed. *Mathematical Developments Arising from the Hilbert Problems*, *Proc. Symp. Pure Math*. Providence: Amer. Math. Soc., 1976.

[Ke]   M. Kervaire. "A manifold which does not admit any differentiable structure." *Comm. Math. Helv.*, **34** (1969), 257-270.

[Kod1]   K. Kodaira. "On Kähler varieties of restricted type (an intrinsic characterization of algebraic varieties." *Ann. Math.*, **60**, 1(1954), 28-48.

[Kod2]   K. Kodaira. *Collected Works*, 3 vols. Princeton: Princeton University Press, 1975.

[Kol1]   J. Kollár. "The structure of algebraic threefolds: an introduction to Mori's program." *Bull. Amer. Math. Soc.*, **17**, 2 (1987), 211-273.

[Kol2]   J. Kollár, ed. "Flips and abundance for algebraic threefolds." *Astérisque*, **211**(1992).

[Kos]   A. I. Kostrikin, "Sandwiches in Lie algebras." *Mat. Sb.*, **110**

(1979), 3-12 (in Russian). English transl: *Math. USSR-Sb.*, **38**(1981), 1-9.

[KS]   M. Kontsevich and Yu. M. Suhov. "Statistics of Klein polyhedra and multidimensional continued fractions," in V. I. Arnold, M, Kontsevich and A. Zorich, ed. *Pseudoperiodic Topology*, Amer. Math. Soc. Transl. Ser. 2, vol. 197. Providence: Amer. Math. Soc., 1999.

[KZ]   M. Kontsevich and A. Zorich. "Connected components of the moduli spaces of Abelian differentials with prescribed singularities." *Invent. Math.*, **153**, 3(2003), 631-678.

[L1]   H. B. Lawson, Jr. *Lectures on Minimal Submanifolds*. Berkeley: Publish or Perish, Inc., 1980.

[L2]   H. B. Lawson, Jr. "The theory of gauge fields in four dimensions." *CBMS*, No. 58. Providence: American Mathematical Society, 1985.

[Lin]   J. Lindenstrauss. "Jean Bourgain." *Not. Amer. Math. Soc.*, **41**, 9(1994), 1103-1105.

[Lio1]   P.-L. Lions. "On kinetic equations." *Proc. Int. Math. Cong.*, The Mathematical Society of Japan, 1173-1185. Tokyo: Springer, 1991.

[Lio2]   P.-L. Lions. "On some recent method for nonlinear partial differential equations," in S. Chaterji, ed. *Proceedings of the International Mathematical Congress*. Basel: Birkhäuser, 1995.

[Marg1]   G. A. Margulis. *Discrete Subgroups of Semisimple Lie Groups*. Berlin: Springer, 1991.

[Marg2]   G. A. Margulis. "Oppenheim conjecture," in M. Atiyah, D. Iagolnitzer, eds. *Fields Medals Lectures*. Singapore: World Scientific, 1997.

[Mart]   D. A. Martin. "Hilbert's first problem: the continuum hypothesis," in F. Browder, ed. *Mathematical Developments Arising from the Hilbert Problems, Proc. Symp.*

Pure Math. Providence: AMS, 1976.

[Mc1] C. T. McMullen. *Complex Dynamics and Renormalization*. Princeton: Princeton University Press, 1994.

[Mc2] C. T. McMullen. *Renormalization and 3-manifolds Rich Fiber over the Circle*. Princeton: Princeton University Press, 1996.

[Mi1] J. W. Milnor. *Morse Theory*. Princeton: Princeton University Press, 1963.

[Mi2] J. W. Milnor. *Lectures on the h-cobordism Theorem*. Princeton: Princeton University Press, 1965.

[Mig] A. Migdal. "Quantum gravity as dynamical triangulation," in D. J. Gross, T. Pira, and S. Weinberg, eds. *Two-dimensional Quantum Gravity and Random Surfaces*. Singapore: World Scientific, 1992.

[Mo] M. I. Monastyrsky. "The Dirac monopole and the Hopf invariant," in B. Medovedev, ed. *Proceedings of the Legacy of P. Dirac*. Moscow: Nauka, 1990 (in Russian).

[MR] *Mathematical Research Today and Tomorrow: Viewpoints of Seven Fields Medalists*, Lect. Notes. Math., No. 1525. New York: Springer, 1992.

[Mu] M. Mulase. "Cohomological structure in soliton equations and Jacobian varieties." *J. Differential Geom.*, **19**, 2(1984), 403-430.

[NA] P. S. Novikov and S. I. Adian. "Infinite periodic groups I, II, III, Izv." *Akad. Nauk SSSR Ser. matem.*, **32** (1968), 212-244; 251-524; 709-731.

[Po] A. van der Poorten. *Notes on Fermat's Last Theorem*. New York: Wiley & Sons, 1996.

[PR] H.-O. Peitgen and P. H. Richter. *The Beauty of Fractals*. Berlin: Springer, 1989.

[Q] D. G. Quillen. "Determinants of Cauchy-Riemann operators on Riemann surfaces." *Funct. Anal. Appl.*, **19**, 1(1985),

31-34.

[Ra] T. Radó. "On Plateau's problem." *Ann. Math.*, **31**, 3(1930), 457-469.

[Ree] G. Reeb. *Sur certaines propriétés toplogiques des variétés feuillétées.* Actualités Sci. Indust., **1183**. Paris: Hermann, 1952.

[Reg] T. Regge. "On strings and J Douglas' variational principle." in K. Bleuler and M. Werner, eds. *Differential-geometric Methods in Theoretical Physics*. Dordrecht: Kluwer, 1988.

[Ri] P. Ribenboim. *Catalan's Conjecture: Are 8 and 9 the Only Consecutive Powers?* Boston: Academic Press, 1994.

[Ro] K. O. Rossianov. "Joseph Stalin and the 'New' Soviet biology." *Isis*, **84**, 4(1993), 728-745.

[RS] K. Rubin and A. Silverberg. "A report on Wiles' Cambridge lectures." *Bull. Amer. Math. Soc.*, **33**, 1(1994), 15-38.

[S1] J.-P. Serre. *Œuvres*, 3 vols. Berlin: Springer, 1956.

[S2] J.-P. Serre. *Lie Algebras and Lie Groups*. New York: Benjamin, 1965.

[S3] J.-P. Serre. *Cours d'arithmétique*. Paris: Presses Universitaires de France, 1970. J.-P. セール（彌永健一訳）『数論講義』，岩波書店, 1979.

[S4] J.-P. Serre. "Faisceaux algébriques cohérents." *Ann. Math.*, **61**, 2(1955), 197-278. (in [S1].)

[SBGC] D. Schechtman, I. Blech, D. Gratias and J.W. Cahn. "Metallic phase with ling-range orientational order and no translational symmetry." *Phys. Rev. Lett.*, **53**(1984), 1951-1956.

[Shi] T. Shiota. "Characterization of Jacobian varieties in terms of soliton equations." *Inventiones Mathematicae*, **83**, 2 (1986), 333-382.

[Sho] T. N. Shorey and R. Tijdeman. *Exponential Diophantine*

	Equations. Cambridge: Cambridge University Press, 1986.
[Sm1]	S. Smale. "Differentiable dynamical systems." *Bul. Amer. Math. Soc.*, **73**(1967), 747-817 (reprented in [Sm2]).
[Sm2]	S. Smale. *The Mathematics of Time.* New York: Springer, 1980.
[ST]	D. P. Sullivan and N. Teleman. "An analytic proof of Novikov's theorem on rational Pontryagin classes." *IHES Publ. Math.*, **58**(1983), 79-81.
[Sza]	L. Szapiro, ed. "Séminaire sur les pinceaux arithmétiques: la conjecture de Mordell." *Astérisque*, 127, 1985.
[Sze]	E. Szemerédi. "On sets of integers containing no elements in arithmetic progression." *Acta Arith.*, **27**(1975) 199-145.
[T1]	W. P. Thurston. *Three-dimensional Geometry and Topology*, vol. 1, S. Levi, ed. Princeton: Princeton University Press, 1997.
[T2]	W. P. Thurston. "On the geometry and dynamics of diffeomorphisms of surfaces." *Bull. Amer. Math. Soc. (NS)*, **19**, 2(1988), 417-431.
[Th]	R. Thom. *Structural Stability and Morphogenesis.* Reading, MA: W. A. Benjamin, 1975. ルネ・トム（彌永昌吉・宇敷重広訳）『構造安定性と形態形成』，岩波書店, 1980.
[Tr]	H. S. Tropp. "The origins and history of the Fields medal." *Historia Math.*, **3**(1976), 167-181.
[TW]	W. P. Thurston and J. R. Weeks. "The mathematics of three-dimensional manifolds." *Scientific American*, **241**, 1 (1984), 108-120.
[Va]	V. A. Vasil'ev. "Invariants of knots and complements of discriminant." in V. Arnol'd and M. Monastyrsky, eds. *Developments in Mathematics: The Moscow School.* London: Chapman and Hall, 1993.
[Ve]	A. B. Venkov. "The spectral theory of automorphic functions." *Turdy Mat. Inst. Steklov*, **153**(1981) (in Russian).

	English transl.: *Proc. Steklov Inst. Math.*, **4**, 1982.
[We]	H. Weyl. *Algebraic Theory of Numbers*. Princeton: Princeton University Press, 1960.
[Wi1]	E. Witten. "Constraints on supersymmetry breaking." *Nucl. Phys.*, **B202**(1982), 253-316.
[Wi2]	E. Witten. "Quantum field theory and the Jones polynomial." *Comm. Math. Phys.*, **121**(1989), 351-399.
[Wi3]	E. Witten. "Supersymmetry and Morse theory." *J. Differential Geom.*, **17**, 4(1982), 661-692.
[Wi4]	E. Witten. "Algebraic geometry associated with matrix models of two-dimensional gravity," in L. R. Goldberg and A. V. Phillips, eds. *Topological Methods in Modern Mathematics*. Houston: Publish or Perish, 1993.
[Wil]	A. Wiles. "Modular elliptic curves and Fermat's Last Theorem." *Annals of Math.*, **141**(1995), 443-551.
[Za]	L. Zalcman. "Mathematicians Sweep 1998 Wolf Prizes." *Math. Intelligencer*, **11**, 2(1989), 39-48.
[Ze1]	E. I. Zelmanov. "Solution of the restricted Burnside problem for groups of odd exponent." *Izv. Akad. Nauk SSSR, Se. Mat.*, **54**(1990), 42-59 (in Russian). English transl.: *Math. USSR-Izv.*, **36**(1991), 41-60.
[Ze2]	E. I. Zelmanov. "Solution of the restricted Burnside problem for 2-groups." *Math. Sb.*, **183**(1991), 568-592 (in Russian). English transl.: *Math. USSR-Sb.*, **72**(1992), 543-565.
[Ze3]	E. I. Zelmanov. "On the theory of Jordan algebras." in *Proc. Int. Math. Cong.* Amsterdam: North-Holland, 1984.
[Ze4]	E. I. Zelmanov. "On periodic compact groups." *Isr. J. Math.*, **77**(1992), 83-95.

訳者あとがき

　本書は，Michael Monastyrsky, *Modern Mathematics in the Light of the Fields Medals* の全訳である．原書の出版経緯については「プロローグ」でも簡単に書かれているが，まずロシア語版がソビエト連邦の崩壊した 1991 年に刊行され，その後，1990 年と 1994 年の受賞者についての記事を「付録」として増補した英語版が 1998 年に AK ピーターズ社から刊行された（当初，英語版はビルクホイザー社から出版される計画だったらしい）．このたびの邦訳刊行にあたり，モナスティルスキー氏が 1998 年から 2006 年までの受賞者の紹介記事を追補してくださったので，原書の「付録」と合わせてこれらを「第 2 部」とし，全体として 2 部構成とすることにした．原著者のご厚意にお礼申しあげる．

　フィールズ賞は「数学のノーベル賞」と称されることもあり，数学の世界ではもっとも名誉のある賞のひとつである．近年ではポアンカレ予想を解決したペレルマンや（本書では紹介されていないが）フェルマー予想を解決したワイルズなど，受賞者が数学界を越えて一般的に知られる機会も増えてきており，フィールズ賞に対する世間の興味・

関心は高まってきていると言えるのではないだろうか．本書は受賞者の業績のみならず，フィールズ賞そのものの歴史やジョン・チャールズ・フィールズの経歴についても丁寧な解説が付されており，まさしくフィールズ賞の全体像を知るのに最適の一冊であろう．

とは言うものの，各受賞者の経歴やパーソナリティなどにはほとんど触れられておらず，本論と言うべき第1部・第2部は数学に特化した内容であるため，一読しただけでは難解な本に思われるかもしれない．最先端をゆくトップクラスの数学者たちの業績を紹介しているのだから，難しいのも当然と言えば当然である．しかし，フリーマン・ダイソン氏が「序言」で述べているように，この本で現代数学を勉強しようと思ったり，数学的記述を逐一理解しながら読み進めようと思ったりするのでなく，難しいと感じるところは適宜読み飛ばしながら，まずは現代数学の見取り図を大づかみにでも捉えていただければ幸いである．

フィールズ賞の対象となった研究領域は確率論をのぞくほぼすべての分野にわたるうえ，数学的にも非常に高度な内容を含んでいるため，翻訳の作業は非常に困難であった．とはいえ，ときおり行間からほとばしる著者のパトスに触れながらの訳業は楽しみでもあった．思えばこれほど私感が入っている数学の本も珍しいかもしれない．本書の特徴のひとつと言ってよいだろう．なお，学問的に完全な正しさをもって訳出することは，率直に言って訳者の能力を超えている．管見に入る限り関連文献には当たったもの

の，思わぬ間違いを犯していないか心配をしている．読者の批判・叱正を待ちたい．

　本書は直接的・間接的に多数の人たちに支えられて作られている．近藤慶氏，笹木集夢氏，瀧雅人氏，中島寛人氏，那須弘和氏（50音順）には，原稿の段階で各専門の立場から的確な指摘やアドバイスをいただいた（ただし最終的な翻訳の責任は訳者にある）．編集部の海老原勇氏には，なにかと遅れがちだった訳業や校正段階での訳者の突然の海外移住など諸事迷惑をかけ通しであったが，常に冷静沈着に対応していただき，翻訳に集中する環境を与えてくれた．両親の弘和・彰子は，訳者の幼少時から数学への知的好奇心を涵養してくれて，本書の訳業も暖かく見守ってくれた．妻の真奈は，家庭でのだんらんの時間を削ってまで専門用語や数式をパソコンに打ち込んでいる訳者に理解を示し，陰で支えてくれた．最後に，本書の邦訳の機会を与えてくださった佐々木力先生（元東京大学教授）に心よりお礼申しあげる．

　2013年4月　ミュンヘンにて

　　　　　　　　　　　　　　　　　　　　　　　訳　　者

人名索引

ア　行

アヴェルブフ（B. G. Averbukh）　51, 52
アダマール（Jacques Hadamard）　98, 100, 124
アダムズ（John Frank Adams）　51, 123
アックス（James Ax）　107
アティヤー（Michael F. Atiyah）　55–63, 71, 76, 122, 144
アディヤン（Sergei I. Adian）　157, 159
アノゾフ（Dmitri V. Anozov）　67
アーノルド（Vladimir I. Arnol'd）　33, 50, 51, 172, 179
アラケロフ（Suren Yu. Arakelov）　96
アルヴァレス=ゴーメ（Luis Alvarez-Gaumé）　58, 60
アルキメデス（Archimedes）　26
アルティン（Emil Artin）　92, 142
アルティン（Michael Artin）　93
アールフォルス（Lars Ahlfors）　31, 34, 83, 84, 133
アレクサンダー（James W. Alexander II）　129, 148
アレクサンドロフ（Alexandr D. Alexandrov）　20, 204
アンドロノフ（Alexander A. Andronov）　65
アンペール（André-Marie Ampère）　83
ヴァヴィロフ（Sergei N. Vavilov）　32, 33
ヴァシリエフ（V. A. Vasil'ev）　149–151
ヴァルガ（Richard S. Varga）　99
ヴァルチェンコ（Alexander N. Varchenko）　11, 50
ウィグナー（Eugene P. Wigner）　131
ウィッテン（Edward Witten）　58–60, 82, 130, 151–155, 201
ウィーナー（Norbert Wiener）　34
ヴィノグラドフ（Askold I. Vinogradov）　107, 110
ヴィノグラドフ（Ivan M. Vinogradov）　19, 21, 100
ヴィロ（Oleg Ya. Viro）　76, 146
ヴェイユ（André Weil）　92, 94, 95, 104, 142
ウェーバー（Heinrich M. Weber）　139
ヴェブレン（Oswald Veblen）　26

ウェルナー (Wendelin Werner) 206-210
ヴォイタ (Paul Vojta) 105
ヴォエヴォドスキー (Vladimir A. Voevodsky) 88, 195-197
ヴォーガン (Robert C. Vaughan) 99
ウォール (C. T. C. Wall) 52
ウォロノヴィッチ (Stanisław L. Woronowicz) 146
ウスペンスキー (James V. Uspensky) 29
ヴュストホルツ (Gisbert Wüstholz) 105, 109
ウーレンベック (Karen Uhlenbeck) 77
エラトステネス (Eratosthenes) 97
エルデシュ (Paul Erdös) 98, 105, 106, 179
エルミート (Charles Hermite) 120
エーレスマン (Charles Ehresmann) 69
エロフェーエフ (Venedikt Erofeev) 20
エンフロ (Per H. Enflo) 160, 179
エンリケス (Federico Enruques) 139, 140
岡潔 45
オクンコフ (Andrei Yu. Okunkov) 197-202
オルシャンスキー (Alexandr Yu. Ol'shanskii) 157
オルンシュタイン (Donald S. Ornstein) 106
オンサーガー (Lars Onsager) 198

カ 行

ガウス (J. C. F. Gauss) 107, 109, 142
掛谷宗一 163, 205
カステルヌオーヴォ (Guido Castelnuovo) 139
カステレイン (Pieter Willem Kasteleyn) 199
カッツ (Nets H. Katz) 206
カッツ (Nicholas Katz) 93
カッツ (Victor Kac) 118, 144, 186
カツネルソン (Yitzhak Katznelson) 106
カーディー (John Cardy) 209
ガーディング (Lars Gårding) 28
カドムツェフ (Boris B. Kadomtsev) 24, 72
カートライト (Mary Cartwright) 67, 68
カラテオドリ (Constantin Carathéodory) 31, 34
カラビ (Eugenio Calabi) 81-83

カルタン（Henri Cartan） 39, 45
カルタン（Élie Cartan） 31
ガワーズ（Timothy Gowers） 179-182, 204
カントール（Georg Cantor） 131
キャッソン（Andrew Casson） 77
キール（Markus Keel） 206
ギルマン（Victor Guillemin） 115
キレン（Daniel Quillen） 121-123
クラ（Bryna Kra） 194
クライン（Felix Klein） 84, 119, 154
グラチク（Jacek Graczyk） 194
グリース（Robert Griess） 117, 118
グリーン（Ben Green） 204
クレック（Matthias Kreck） 76
グレッチ（Herbert Grötzsch） 83
クレブシュ（Alfred Clebsch） 91
クレモナ（Luigi Cremona） 139
グロタンディーク（Alexander Grothendieck） 86-89, 93, 123, 140, 160, 161, 196, 197
クロネッカー（Leopold Kronecker） 139, 142
グロモフ（Mikhail Gromov） 71, 78, 95, 159
クンマー（Ernst Kummer） 139, 142, 196
ゲーデル（Krut Gödel） 131, 132
ケニョン（Richard Kenyon） 199-201
ケルヴェール（Michel A. Kervaire） 53, 54
ケルディシュ（Mstislav V. Keldysh） 34
ゲルファント（Israel M. Gel'fand） 57, 124
ゲルフォント（Alexander O. Gel'fond） 32, 99, 100, 107, 109
コーエン（Paul Cohen） 131, 132
コーシー（Augustin-Louis Cauchy） 125, 165
コストリキン（Alexei I. Kostrikin） 158
小平邦彦 46, 84-86, 95, 133, 137-140
ゴダード（Peter Goddard） 187
コリアンダー（James E. Colliander） 206
ゴルダン（Paul Gordan） 91
コルテヴェーグ（Diederik Korteweg） 71, 72, 144, 154
ゴールドバッハ（Christian Goldbach） 99, 110

コルモゴロフ（Andrei N. Kolmogorov） 8, 33, 99, 172
ゴレスキー（Mark Goresky） 49
コレピン（Vladimir E. Korepin） 146
ゴロド（Evgenii S. Golod） 156
ゴレンシュタイン（Daniel Gorenstein） 116
コワレフスカヤ（SophiaV. Kovalevskaya） 28, 125
コンウェイ（John H. Conway） 182, 184
コンスタント（Bertram Konstant） 115
コンツェヴィッチ（Maxim L. Kontsevich） 151, 154, 176-179
ゴンプ（Robert Gompf） 75, 76
コンヌ（Alain Connes） 71, 128-131

サ　行

ザイフェルト（Ferbert Seifert） 49, 149
サイモンズ（James H. Simons） 111, 151
サーストン（William Thurston） 78-81, 175, 192, 202-204
サノフ（Ivan N. Sanov） 158
ザモドロチコフ（Alexandr B. Zamolodchikov） 152
サリヴァン（Dennis Sullivan） 175, 192
ザリスキー（Oscar Zariski） 90
ザルヒン（Yuri G. Zarkhin） 96
シェフィールド（Scott Sheffield） 200
シェーン（Richard Schoen） 82
塩田隆比呂　72
ジーゲル（Carl L. Siegel） 104, 105, 109, 111, 169, 174
シナイ（Yakov G. Sinai） 11, 167
ジーマン（Erik Christopher Zeeman） 51
シャウダー（Juliusz Shauder） 160
シャバト（Gregorii B. Shabat） 89
シャピロ（Harold N. Shapiro） 99
シャファレヴィッチ（Igor R. Shafarevich） 96
シューア（Issai Schur） 128, 197
シュヴァイツァー（Paul Schweitzer） 70
ジュスティ（Enrico Giusti） 111
シュタインハウス（Hugo Steinhaus） 160
シュティーフェル（Eduard Stiefel） 47
シュナイダー（Theodor Schneider） 109

シュニレルマン（Lev G. Shnirel'man） 98, 99
シュミット（Wolfgand M. Schmidt） 105
シュラム（Oded Schramm） 207, 208
ジュリア（Gaston Julia） 55, 167, 173-175
シュレーダー（Ernst Schröder） 181
シュワルツ（Hermann A. Schwarz） 24
シュワルツ（Laurent Schwartz） 123-126, 160
ジョーンズ（Vaughan Jones） 129, 130, 146-153
ショレー（Tarlok N. Shorey） 109
ジルデン（Hugo Gyldèn） 168
シンガー（Isadore Singer） 55-57, 61, 62, 71
シング（John L. Synge） 26
神保道夫 146
スウィアテク（Grzegorz Świątek） 194
ススリン（Andrei A. Suslin） 121, 122, 196
スターク（Harold Stark） 107, 110
スタフィラーニ（Gigliola Staffilani） 206
スターンバーグ（Shlomo Sternberg） 115
スティーンロッド（Norman E. Steenrod） 51
ステパノフ（Sergei A. Stepanov） 94
スペンサー（Donald C. Spencer） 86
スホフ（Yuri M. Suhov） 179
スミス（Paul Althaus Smith） 80, 82
スミルノフ（Stanislav Smirnov） 209
スメール（Stephen Smale） 57, 63-68, 132
セヴェリ（Francesco Severi） 31, 81, 139
セメノフ＝チャンシャンスキー（M. A. Semenov-Tyanshanskii） 146
セメレディ（Endre Szemerédi） 106, 179, 205
セール（Jean-Pierre Serre） 39-46, 85, 95, 122
セルバーグ（Atle Serberg） 97-104, 119, 133
ゼルマノフ（Efim I. Zelmanov） 156-159
ソコロフ（Vladimir V. Sokolov） 144
ソボレフ（Sergei L. Sobolev） 124
ゾリッチ（Anton Zorich） 179

タ　行

ダイソン（Freeman Dyson） 40

タイヒミューラー（Oswald Teichmüller）　79, 84
タオ（陶哲軒）　204-206
高岡秀夫　206
高木貞治　31, 142
ダグラス（Jesse Douglas）　30, 34, 113-116
チェン（陳景潤）　110
チャーン（陳省身）　151
ツィレルソン（Boris S. Tsirelson）　180
ディオファントス（Diophantos）　104, 107, 173
ティッツ（Jacques Tits）　119
ティーデマン（Robert Tijdeman）　108
テイト（John T. Tate）　96
ディ・ペルナ（Ronald J. DiPerna）　165
テイラー（Jean E. Taylor）　112
ディラック（P. A. M. Dirac）　40, 57, 60, 124
デ・ジョルジ（Ennio de Giorgi）　111
デデキント（Richard Dedekind）　118, 139, 142
デ・ブルイン（N. G. de Bruijn）　112
デュドネ（Jean Dieudonné）　22, 124
テュラエフ（Vladimir G. Turaev）　146, 148
デローネ（Boris N. Delone）　20, 21, 29, 108
デローネ（Vadim N. Delone）　20
ドゥアディー（Adrien Douady）　175, 189
トゥエ（Axel Thue）　104, 105, 107, 111
ドゥブローヴィン（Boris A. Dubrovin）　72
トゥラン（Pál Turán）　105, 106, 179
ドゥリーニュ（Pierre Deligne）　92-96
戸田盛和　144
ドナルドソン（Simon K. Donaldson）　54, 62, 64, 74-78, 154
トーブス（Clifford Taubes）　75, 77
ド・フリース（Gustav de Vries）　71, 72, 144, 154
トホーフト（Gerardus't Hooft）　152
トーマ（Elmar Thoma）　198
トム（René Thom）　46-52, 132
ド・ラ・ヴァレー・プーサン（Charles Jean de la Vallée-Poussin）　98
ドリンフェルト（Vladimir G. Drinfel'd）　10, 62, 141-146, 151
ドワーク（Bernard Dwork）　93

トンプソン（John Thompson） 116-118, 133, 183, 184

ナ　行

ナゲル（Trygve Nagell） 108
ニュートン（Isaac Newton） 124
ニールセン（Jakob Nielsen） 80
ネヴァンリンナ（Rolf Nevanlinna） 83
ネーター（Emmy Noether） 139
ネーター（Max Noether） 139
ネロン（André Néron） 96
ノヴィコフ（Pyotr S. Novikov） 157, 159
ノヴィコフ（Sergei P. Novikov） 19, 52, 68-73, 113, 132
ノートン（Sidney Norton） 182, 184
ノーベル（Alfred Nobel） 28

ハ　行

バクスター（Rodney J. Baxter） 144, 145, 147, 148
バーコフ（George D. Birkhoff） 31, 65, 163, 169
バース（Lipman Bers） 84
ハッセ（Helmut Hasse） 92
ハーディー（Godfrey H. Hardy） 98, 100, 107, 124
パトディ（Vijay K. Patodi） 57
バナッハ（Stefan Banach） 160, 179
ハバード（John H. Hubbard） 175, 189
ハーマン（Micael Herman） 172
バーマン（Joan Birman） 151
ハミルトン（Richard Hamilton） 203
ハリス（Joseph D. Harris） 92
パルシン（Alexei N. Parshin） 96
バル゠ナタン（Dror Bar-Natan） 151
ハルナック（Axel Harnack） 200
ハルバースタム（Heini Halberstam） 106
バーンサイド（William Burnside） 156-159
パンダリパンド（Rahul Pandharipande） 201
ピアテツキ゠シャピロ（Ilya Piatetski-Shapiro） 95
ヒグマン（Graham Higman） 158
ヒース゠ブラウン（D. Roger Heath-Brown） 205

ヒッチン（Nigel Hitchin） 62, 116
ヒル（George William Hill） 168
ヒルツェブルフ（Friedrich Hilzebruch） 53, 57, 60
ヒルベルト（David Hilbert） 91, 108, 125, 139, 142
広中平祐 89-91
ヒンチン（Alexandr Ya. Hinchin） 32
ファイト（Walter Feit） 117
ファデーエフ（Ludvig D. Faddeev） 146
ファトゥー（Pierre Fatou） 55, 167, 173-175, 189
ファルティングス（Gerd Faltings） 96, 97, 105
ファン・デル・コルプト（J. G. van del Corput） 205
ファン・デル・ポール（Barthasar van del Pol） 67, 68
フィッシャー（Bernd Fischer） 117, 118
フィッシャー（Mikhail K. Fisher） 199
フィナシン（Sergei M. Finashin） 76
フィールズ（John C. Fields） 24
フェイギン（Boris L. Feigin） 11
フェファーマン（Charles Fefferman） 124, 126-128, 204
フェルマー（Pierre de Fermat） 51, 96, 131
フォメンコ（Anatoly T. Fomenko） 72
フォン・ノイマン（John von Neumann） 128, 129, 146
フォン・マンゴルト（H. C. F. von Mangoldt） 100
フックス（Lazarus Fuchs） 24
ブラウダー（William Browder） 70
プラトー（Joseph Plateau） 113
プランク（Max Planck） 24
ブリースコーン（Egbert Brieskorn） 54
フリードマン（Michael Freedman） 64, 73, 74
フリーマン（Gregory A. Freiman） 182
フルヴィッツ（Adolf Hurwitz） 201, 202
ブルガン（Jean Bourgain） 127, 159-164, 204
フルステンバーグ（Hillel Furstenberg） 106
ブルーマー（Armand Brumer） 107
ブルン（Viggo Brun） 97, 98
フレア（Andreas Floer） 77, 78, 154
フレヴィッチ（Witold Hurewicz） 39, 41
フレミング（Wendell H. Fleming） 113

フレンケル (Igor Frenkel) 184
フロイデンタール (Hans Freudenthal) 41
ブロック (Spencer Bloch) 196
フロベニウス (Ferdinand G. Frobenius) 24, 197
ベイカー (Alan Baker) 107-110
ベイリンソン (Alexander A. Beilinson) 196
ヘヴィサイド (Oliver Heaviside) 124
ベシコヴィッチ (Abram S. Besicovitch) 127, 163
ペーターソン (Hans Petersson) 93, 94
ベーテ (Hans A. Bethe) 145
ペトヴィアシュヴィリ (Vladimir I. Petviashvili) 24, 72
ペトロフスキー (Ivan G. Petrovsky) 125, 126
ヘフリガー (André Haefliger) 146
ベリイ (Gennadii V. Belyi) 88
ベリサード (Jean Bellissard) 130
ペルタム (Benoit Perthame) 165
ベルティニ (Eugenio Bertini) 139
ヘルマンダー (Lars Hörmander) 28, 56, 124-124, 133
ベルンシュタイン (Felix Bernstein) 181
ベルンシュタイン (Sergei N. Bernstein) 111
ペレルマン (Grigori Ya. Perelman) 202-204
ベーレント (Felix Behrend) 106
ヘンキン (Gennadi M. Henkin) 162
ベンディクソン (Ivar O. Bendixson) 111
ペンローズ (Roger Penrose) 112, 116
ボーア (Niels Bohr) 29, 35
ポアソン (Siméon Denis Poisson) 103, 145
ポアンカレ (Henri Poincaré) 28, 39, 56, 63, 65, 74, 99, 111, 119, 167, 169, 171, 202-204
ホイットニー (Hassler Whitney) 47
ボーチャーズ (Richard Borcherds)
ホッジ (W. V. D. Hodge) 85, 95
ボット (Raoul Bott) 45, 57, 62
ホップ (Heinz Hopf) 40, 144
ポリヤコフ (Alexander M. Polyakov) 152
ホール (Philip Hall) 158
ホワイトヘッド (J. H. C. Whitehead) 44

ポントリャーギン（Lev S. Pontryagin） 19, 21, 42-44, 47, 48, 65, 99
ボンビエリ（Enrico Bombieri） 94, 106, 110-113, 118

マ 行

マクドナルド（Ian G. Macdonald） 118
マグヌス（Wilhelm Magnus） 157
マクファーソン（Robert MacPherson） 49
マクマレン（Curtis McMullen） 188-194
マズール（Stanisław Mazur） 160
マッケイ（John McKay） 118, 183
マッケンジー（Tate Mackenzie） 26
マニン（Yuri I. Manin） 62, 96, 141, 144
マルグリス（Gregory A. Margulis） 11, 19, 95, 104, 119-121
マレー（Francis J. Murray） 128, 129
マンデルブロ（Benoit Mandelbrot） 209
マンフォード（David Mumford） 33, 91, 92, 96
ミークス（William Meeks） 82
ミグダル（Alexander A. Migdal） 154
ミルズ（Robert Mills） 62, 77, 151
ミルナー（John Milnor） 51-55, 63, 64, 121, 133, 144, 149, 195, 196
ミルマン（Vitali D. Milman） 163
ムーア（John C. Moore） 144
ムーディ（Robert Moody） 144, 186
村瀬元彦 72
ムロウカ（Tomasz Mrówka） 76
メウルマン（Arne Meurman） 184
メビウス（August F. Möbius） 122
モーザー（Jürgen Moser） 172
モース（Marston Morse） 58, 64
モスコヴィッチ（Henri Moscovici） 71
モストウ（George Mostow） 95
モーデル（Louis J. Mordell） 96, 105, 109, 138, 142
森重文 137-141
モンジュ（Gaspard Monge） 83
モンテル（Paul Montel） 55

ヤ　行

ヤウ（丘成桐）81-83
ヤン（楊振寧）62, 77, 144, 145, 147, 148, 151
ヤング（Alfred Young）197
ヨッコス（Jean-Christophe Yoccoz）167-176, 191, 192
ヨルダン（Pascual Jordan）159

ラ　行

ラインプニッツ（Gottfried W. Leibniz）124
ラヴレンチェフ（Mikhail A. Lavrent'ev）83
ラグランジュ（Joseph Louis Lagrange）142
ラズボロフ（Aleksandr A. Razborov）10
ラックス（Peter Lax）71
ラドー（Tibor Radó）113
ラフォルグ（Laurent Lafforgue）194, 195
ラマヌジャン（Srinivasa Ramanujan）93, 94, 107
ラングランズ（Robert Langlands）141-143, 194
ランダウ（Edmund Landau）100
リオン（Pierre-Louis Lions）33, 164-167
リース（Marcel Riesz）124
リトルウッド（John E. Littlewood）67, 68, 100, 107
リニク（Yuri V. Linnik）100, 106, 107
リヒテンバウム（Stephen Lichtenbaum）196
リベンボイム（Paolo Ribenboim）108
リーマン（Bernhard Riemann）57, 84, 92, 96, 100, 103, 142
リュステルニク（Lazar A. Lysternik）99
リュービッチ（Mikhail Lyubich）194
リンデレフ（Ernst L. Lindelöf）83
リントシュテット（Anders Lindstedt）168
ルイセンコ（Trophim D. Lysenko）32, 33
ルスティック（G. Lustig）71
ルレイ（Jean Leray）39, 46
レヴィ（Paul Lévy）207
レヴィンソン（Norman Levinson）101
レヴナー（Karl Löwner）207, 208
レシェティキン（Nikolai Yu. Reshetikhin）146

レッジェ（Tullio Regge） 114
レニー（Alfréd Rényi） 106, 110
レーブ（Georges Reeb） 69
レフシェッツ（Solomon Lefschetz） 58, 85, 93
レポウスキー（James Lepowsky） 184
ロス（Klaus Roth） 104, 111
ローソン（H. Blaine Lawson） 83
ロット（John Lott） 71
ロッホ（Gustav Roch） 57
ロビンソン（Raphael M. Robinson） 112
ロホリン（Vladimir Rokhlin） 42, 44, 47, 48, 73
ローモン（Gerard Laumon） 94
ローラー（Gregory F. Lawler） 208
ローレンツ（Edward Lorenz） 67

ワ　行

ワイエルシュトラス（Karl Weierstrass） 115, 116
ワイル（Hermann Weyl） 35, 85, 142, 186
ワイルズ（Andrew Wiles） 131

本書は「ちくま学芸文庫」のために新たに訳出されたものである。

新 物理の散歩道 第1集	ロゲルギスト	四百メートル水槽の端と中央では3ミリも違うと聞いて、地球の丸さと小ささを実感。科学少年の好奇心と大人のウイットで綴ったエッセイ。（江沢洋）
新 物理の散歩道 第2集	ロゲルギスト	ゴルフのバックスピンは芝の状態に無関係、昆虫の羽ばたき、コマの不思議、流れ模様など意外な展開と多彩な話題の科学エッセイ。（呉智英）
新 物理の散歩道 第3集	ロゲルギスト	高熱水蒸気の威力、魚が銀色に輝くしくみ、コマが起ちあがる力学。身近な現象にひそむ意外な「物の理」を探求するエッセイ。（米沢富美子）
新 物理の散歩道 第4集	ロゲルギスト	上りは階段・下りは坂道が楽という意外な発見、模型飛行機のゴムのこぶの正体などの話題から、物理学者ならではの含蓄の哲学まで。（下村裕）
新 物理の散歩道 第5集	ロゲルギスト	クリップで蚊取線香の火が消し止められる？ バイオリンの弦の動きを可視化する顕微鏡とは？ ごたえのある科学読み物エッセイ。（鈴木増雄）
新版 電子と原子核の発見	S・ワインバーグ　本間三郎訳	電子の発見に始まる20世紀素粒子物理学の考え方と実験を、具体的にわかりやすく解説したノーベル賞学者による定評ある入門書。
宇宙創成はじめの3分間	S・ワインバーグ　小尾信彌訳	ビッグバン宇宙論の謎にワインバーグが挑む！ 開闢から間もない宇宙の姿を一般の読者に向けて明快に論じた科学読み物の古典。解題＝佐藤文隆
空間・時間・物質（上）	ヘルマン・ワイル　内山龍雄訳	ヒルベルトを数学の父、フッサールを哲学の母にもった数学の詩人ワイル。アインシュタインを超えて時空の本質を見極めた古典的名著。
空間・時間・物質（下）	ヘルマン・ワイル　内山龍雄訳	物理的本質への訳者独自の見通しの下に、難解で知られる本書を嚙み砕いた、熱のこもった名訳。偉才ワイルの思考をたどる数理物理学の金字塔。

カオスとフラクタル	山口昌哉	ブラジルで蝶が羽ばたけば、テキサスで竜巻が起こる? カオスやフラクタルの不思議をさぐる本格的入門書。
数学文章作法 基礎編	結城浩	レポート・論文・プリント・教科書など、数式まじりの文章を正確で読みやすいものにするには?『数学ガール』の著者がそのノウハウを伝授! (各原一幸)
力学・場の理論	L・D・ランダウ/E・M・リフシッツ 水戸巌ほか訳	圧倒的に名高い「理論物理学教程」に、ランダウ自身が構想した入門篇があった! 幻の名著「小教程」がいまよみがえる。 (山本義隆)
量子力学	L・D・ランダウ/E・M・リフシッツ 好村滋洋/井上健男訳	非相対論的量子力学から相対論的理論までを、簡潔で美しい理論構成で登る入門教科書。大教程2巻をもとに新構想の別版。 (江沢洋)
統計学とは何か	C・R・ラオ 藤越康祝/柳井晴夫 田栗正章訳	さまざまな現象に潜んでみえる「不確実性」に立ち向かう新しい学問=統計学。世界的権威がその歴史・数理・哲学など幅広い話題をやさしく解説。
ラング線形代数学(上)	サージ・ラング 芹沢正三訳	学生向けの教科書を多数執筆している名教師による線形代数入門。他分野への応用を視野に入れつつ、具体的かつ平易に基礎・基本を解説。
ラング線形代数学(下)	サージ・ラング 芹沢正三訳	
数と図形	H・ラーデマッヘル/O・テープリッツ 山崎三郎/鹿野健訳	『解析入門』でも知られる著者はアルティンの高弟だった。下巻では群・環・体の代数的構造を俯瞰する抽象の高みへと学習者を誘う。 ピタゴラスの定理、四色問題から素数にまつわる未解決問題まで、身近な「数」と「図形」の織りなす世界へ誘う読み切り22篇。 (藤田宏)
新物理の散歩道(全5冊)	ロゲルギスト	7人の物理学者が日常の出来事のふしぎを論じ、実験で確かめていく。ディスカッションの楽しさと物理的思考法のみごとさが伝わる洒落たエッセイ集。

対談　数学大明神	安野光雅・森毅	数楽的センスの大饗宴！読み巧者の数学者と数学ファンの画家が、とめどなく繰り広げる興趣つきぬ数学談義。(河合雅雄・亀井哲治郎)
応用数学夜話	森口繁一	俳句は何兆まで作れるのか？安売りをしてもっとも効率的に利益を得るには？世の中の現象と数学をむすぶ読み切り18話。(伊理正夫)
角の三等分	矢野健太郎	コンパスと定規だけで角の三等分は「不可能」！なぜ？　古代ギリシアの作図問題の核心を平明懇切に解説『ガロア理論入門』の高みへと誘う。
エレガントな解答	一松信解説	ファン参加型のコラムはどのように誕生したか。師アインシュタインと相対性理論、パスカルの定理などやさしい数学入門エッセイ。(一松信)
思想の中の数学的構造	山下正男	レヴィ゠ストロースと群論？ ニーチェやオルテガの遠近法主義、ヘーゲルと解析学、孟子と関数概念……。数学的アプローチによる比較思想史。
熱学思想の史的展開1	山本義隆	熱の正体とは？その物理的特質とは？『磁力と重力の発見』の著者による壮大な科学史。熱力学入門書としての評価も高い。全面改稿。
熱学思想の史的展開2	山本義隆	熱力学はカルノーの一篇の論文に始まり骨格が完成した。熱素説に立ちつつ、時代に半世紀も先行していた。理論のヒントは水車だったのか？
熱学思想の史的展開3	山本義隆	隠された因子、エントロピーがついにその姿を現わす。そして重要な概念が加速的に連結し熱力学が体系化されていく。格好の入門篇。全3巻完結。
数学がわかるということ	山口昌哉	非線形数学の第一線で活躍した著者が〈数学とは〉をしみじみと、〈私の数学〉を楽しげに語る異色の数学入門書。(野﨑昭弘)

πの歴史	ペートル・ベックマン 田尾陽一／清水韶光訳	円周率だけでなく意外なところに顔をだすπ。ユークリッドやアルキメデスによる探究の歴史に始まり、オイラーの発見したπの不思議にいたる。
やさしい微積分	L・S・ポントリャーギン 坂本實訳	微積分の基本概念・計算法を全盲の数学者がイメージ豊かに解説。版を重ねて読み継がれる定番の入門教科書。練習問題・解答付きで独習にも最適。
フラクタル幾何学(上)	B・マンデルブロ 広中平祐監訳	「フラクタルの父」マンデルブロの主著。膨大な資料を基に、地理・天文・生物などあらゆる分野から事例を収集・報告したフラクタル研究の金字塔。
フラクタル幾何学(下)	B・マンデルブロ 広中平祐監訳	「自己相似」が織りなす複雑で美しい構造とは。そ の数理とフラクタル発見までの歴史を豊富な図版とともに紹介。
工学の歴史	三輪修三	オイラー、モンジュ、フーリエ、コーシーらは数学者であり、同時に工学の課題に方策を授けていた。「ものつくりの科学」の歴史をひもとく。
位相のこころ	森 毅	微分積分などでおなじみの極限や連続などは、20世紀数学でどのように厳密に基礎づけられたのか。「とんとん」近づける構造のしくみを探る。
現代の古典解析	森 毅	おなじみ一刀斎の秘伝公開！ 極限と連続に始まり、指数関数と三角関数を経て、偏微分方程式に至る。見晴らしのきく読み切り22講義。
数の現象学	森 毅	4×5と5×4はどう違うの？ きまりごとの算数からその深みへ誘う認識論的数学エッセイ。日常の中の数を歴史文化に探る。(三宅なほみ)
ベクトル解析	森 毅	1次元線形代数学から多次元へ、1変数の微積分から多変数へ。応用面とは異なる、教育的重要性を軸に展開するユニークなベクトル解析のココロ。

幾何学基礎論
D・ヒルベルト
中村幸四郎訳

20世紀数学全般の公理化への出発点となった記念碑的著作。ユークリッド幾何学を根源まで遡り、斬新な観点から厳密に基礎づける。(佐々木力)

和算の歴史
平山諦

関孝和や建部賢弘らのすごさと弱点とは。そして和算がたどった歴史とは。和算研究の第一人者による簡潔にして充実の入門書。(鈴木武雄)

素粒子と物理法則
R・P・ファインマン/S・ワインバーグ
小林澈郎訳

量子論と相対論を結びつけるディラックのテーマを対照的に展開したノーベル賞受賞者による追悼記念講演。現代物理学の本質を堪能させる三重奏。

ゲームの理論と経済行動 I
（全3巻）
ノイマン/モルゲンシュテルン
銀林/橋本/宮本監訳
阿部修一訳

今やさまざまな分野への応用いちじるしい「ゲーム理論」の嚆矢とされる記念碑的著作。第Ⅰ巻はゲームの形式的記述とゼロ和2人ゲームについて。

ゲームの理論と経済行動 II
ノイマン/モルゲンシュテルン
銀林/橋本/宮本監訳
橋本和美訳

第Ⅰ巻でのゼロ和2人ゲームの考察を踏まえ、第Ⅱ巻ではプレイヤーが3人以上のゼロ和ゲーム、およびゲームの合成分解について論じる。

ゲームの理論と経済行動 III
ノイマン/モルゲンシュテルン
銀林/橋本/宮本監訳
宮本敏雄訳

第Ⅲ巻では非ゼロ和ゲームにまで理論を拡張。これまでの数学的結果をもとにいよいよ経済学的解釈を試みる。全3巻完結。(中山幹夫)

計算機と脳
J・フォン・ノイマン
柴田裕之訳

脳の振る舞いを数学で記述することは可能か？ 現代のコンピュータの生みの親でもあるフォン・ノイマン最晩年の考察。新訳。(野崎昭弘)

フンボルト 自然の諸相
アレクサンダー・フォン・フンボルト
木村直司編訳

中南米オリノコ川で見たものとは？ 植生と気候、緯度と地磁気などの関係を初めて認識した、ゲーテ自然学を継承する博物学者・地理学者の探検紀行。

新・自然科学としての言語学
福井直樹

気鋭の文法学者によるチョムスキーの生成文法解説書。文庫化にあたり旧著を大幅に増補改訂し、付録として黒田成幸の論考「数学と生成文法」を収録。

トポロジー	野口 廣	現代数学に必須のトポロジー的な考え方とは？ 集合・写像・関係・位相などの基礎から、ていねいに図説した定評ある入門者向け学習書。
トポロジーの世界	野口 廣	ものごとを大づかみに捉える！ その極意を、数式に不慣れな読者との対話形式で、図を多用し平易・直感的に解き明かす入門書。
エキゾチックな球面	野口 廣	7次元球面には相異なる28通りの微分構造が可能！ フィールズ賞受賞者を輩出したトポロジー最前線を臨場感ゆたかに解説。
数学の楽しみ	テオニ・パパス 安原和見訳	ここにも数学があった！ 石鹸の泡、くもの巣、雪片曲線、一筆書きパズル、魔方陣、DNAらせん……。イラストも楽しい数学入門150篇。
相対性理論（上）	W・パウリ 内山龍雄訳	相対論発表から5年。先行の研究論文を引用批評しつつ、理論の全貌をバランスよく明解に解説したノーベル賞学者パウリ21歳の名著。
相対性理論（下）	W・パウリ 内山龍雄訳	アインシュタインが絶賛し、物理学者内山龍雄をして、研究を措いてでも訳したかったと言わしめた、相対論三大名著の一冊。
物理学に生きて	W・ハイゼンベルクほか 青木薫訳	「わたしの物理学は……」ハイゼンベルク、ディラック、ウィグナーら六人の巨人たちが、それぞれの歩んだ現代物理学の軌跡や展望を語る。
調査の科学	林 知己夫	消費者の嗜好や政治意識を測定するとは？ 代表性の数量的表現の解析手法を開発した統計学者による社会調査の論理と方法の入門書。
ポール・ディラック	アブラハム・パイスほか 藤井昭彦訳	「反物質」なるアイディアはいかに生まれたのか、そしてその存在はいかに発見されたのか。天才の生涯と業績を三人の物理学者が紹介した講演録。

代数的構造	遠山 啓	群・環・体など代数の基本概念の構造を、構造主義の歴史をおりまぜつつ、卓抜な比喩とていねいな計算で確かめていく抽象代数学入門。（鈴林浩）
現代数学入門	遠山 啓	現代数学、恐るるに足らず！ 学校数学より日常の感覚の中に集合や構造、関数や群、位相の考え方を探る大人のための入門書。（エッセイ 亀井哲治郎）
現代数学への道	中野茂男	抽象的・論理的な思考法はいかに生まれ、何を生むか？ 入門者の疑問やとまどいにも目を配りつつ、数学の基礎を軽妙にレクチャー。充実した資料を付す。
生物学の歴史	中村禎里	進化論や遺伝の法則は、どのような論争を経て決着したのだろう。生物学とその歴史を高い水準でまとめあげた壮大な通史。
不完全性定理	野﨑昭弘	事実・推論・証明……。理屈っぽいとケムたがられる話題を、なるほどと納得させながら、ユーモアたっぷりにしもといたゲーデルへの超入門。
数学的センス	野﨑昭弘	美しい数学とは詩なのです。いまさら数学者にはなれないけれどそれを楽しめたら……。そんな期待に応えてくれる心やさしいエッセイ風数学再入門。
高等学校の確率・統計	黒田孝郎／森毅／小島順／野﨑昭弘ほか	成績の平均や偏差値はおなじみでも、実務の水準とは隔たりが！ 基礎からやり直したい人のための検定教科書を指導書付きで復activities。
高等学校の基礎解析	黒田孝郎／森毅／小島順／野﨑昭弘ほか	わかってしまえば日常感覚に近いものながら、数学挫折のきっかけの微分・積分。その基礎を丁寧にひもとした大人のための検定教科書第2弾！
高等学校の微分・積分	小島順／黒田孝郎／森毅／野﨑昭弘ほか	高校数学のハイライト「微分・積分」！ その入門コース『基礎解析』に続く本格コース。公式暗記の学習からほど遠い、特色ある教科書の文庫化第3弾。

数学の自由性　高木貞治

大数学者が軽妙洒脱に学生たちに数学を語る！ 年ぶりに復刊された人柄のにじみ出る幻の同名エッセイ集を含む文庫オリジナル。

無限解析のはじまり　高瀬正仁

無限小や虚数の実在が疑われた時代、オイラーが見つめていた数学世界とは？ 関数・数論・複素解析を主題とするオリジナルあふれる原典講読。(高瀬正仁)

ガウスの数論　高瀬正仁

青年ガウスは目覚めとともに正十七角形の作図法を思いついた。初等幾何に露頭した数論の一端！ 創造の世界の不思議に迫る原典講読第2弾。

量子論の発展史　高林武彦

世界の研究者と交流した著者による量子理論史。その物理的核心をみごとに射抜き、理論探求の醍醐味を生き生きと伝える。新組。(江沢洋)

高橋秀俊の物理学講義　藤村靖編

ロゲルギストを主宰した研究者の物理的センスとは。力について、示量変数と示強変数、ルジャンドル変換、変分原理などの汎論40講。(田崎晴明)

一般相対性理論　P・A・M・ディラック　江沢洋訳

一般相対性理論の核心に最短距離で到達すべく、卓抜した数学的記述で簡明直截に書かれた天才ディラックによる入門書。詳細な解説を付す。

ディラック現代物理学講義　P・A・M・ディラック　岡村浩訳

永久に膨張し続ける宇宙像とは？ モノポールは実在するのか？ 想像力と予言に満ちたディラック晩年の名講義が新訳で甦る。付録＝荒船次郎

不変量と対称性　今井淳／寺尾宏明／中村博昭

変えても変わらない不変量とは？ そしてその意味や用途とは？ ガロア理論等と結び目の現代数学に現われる、上級の数学センスをさぐる7講義。

物理の歴史　朝永振一郎編

湯川秀樹のノーベル賞受賞。その中間子論とは何なのだろう。日本の素粒子論を支えてきた第一線の学者たちによる平明な解説書。(江沢洋)

60

通信の数学的理論	C・E・シャノン/W・ウィーバー 植松友彦 訳	IT社会の根幹をなす情報理論はここから始まった。発展めざましい最先端の分野に、今なお根源的な洞察をもたらす古典的論文が新訳で復刊。
数学という学問 I	志賀浩二	ひとつの学問として、広がり、深まりゆく数学。数・微積分・無限など「概念」の誕生と発展を軸にその歩みを辿る。オリジナル書き下ろし。全3巻
数学という学問 II	志賀浩二	第2巻では19世紀の数学を展望。数概念の拡張による複素解析のほか、フーリエ解析、非ユークリッド幾何誕生の過程を追う。
数学という学問 III	志賀浩二	19世紀後半、「無限」概念の登場とともに数学は大転換を迎える。カントルとハウスドルフの集合論、そしてユダヤ人数学者の寄与について。全3巻完結。
シュヴァレー リー群論	クロード・シュヴァレー 齋藤正彦 訳	現代的な視点から、リー群を初めて大局的に論じた古典的著作。本邦初訳。
現代数学の考え方	イアン・スチュアート 芹沢正三 訳	現代数学は怖くない！「集合」「関数」「確率」などの基本概念をイメージ豊かに解説。直観で現代数学の全体を見渡せる入門書。図版多数。
飛行機物語	鈴木真二	なぜ金属製の重い機体が自由に空を飛べるのか？その工学と技術を、リリエンタール、ライト兄弟などのエピソードをまじえ歴史的にひもとく。
幾何物語	瀬山士郎	作図不能の証明に二千年もかかったとは！　柔らかな発想で大きく飛躍してきた歴史をたどりつつ、現代幾何学の不思議な世界を探る。図版多数。
新式算術講義	高木貞治	算術は現代でいう数論。数の自明を疑わない明治の読者にその基礎を当時の最新学説で説く。「解析概論」の著者若き日の意欲作。（高瀬正仁）

物語数学史	小堀憲	古代エジプトの数学からニ十世紀のヒルベルトまでの数学の歩みを、日本の数学「和算」にも触れつつ一般向けに語った通史。
確率論の基礎概念	A・N・コルモゴロフ 坂本實 訳	確率論の現代化に決定的な影響を与えた、有名な論文「確率論における解析的方法について」を併録。全篇新訳。(菊池誠)
雪の結晶はなぜ六角形なのか	小林禎作	雪が降るとき、空ではどんなことが起きているのだろう。自然が作りだす美しいミクロの世界を、科学の目でのぞいてみよう。
数学史入門	佐々木力	古代ギリシャやアラビアに発する微分積分学のダイナミックな形成過程を丹念に跡づけ、数学史の醍醐味をわかりやすく伝える書き下ろし入門書。
ガロワ正伝	佐藤文隆 R・ルフィーニ	最大の謎、決闘の理由がついに明かされる！　難解なガロワの数学思想をひもといた後世の数学者たちにも迫る。文庫版オリジナル書き下ろし。
ブラックホール	志村五郎	相対性理論から浮かび上がる宇宙の「穴」。星と時空の謎に挑んだ物理学者たちの奮闘の歴史と今日的課題に迫る。写真・図版多数。
数学をいかに使うか	志村五郎	「何でも厳密に」などとは考えてはいけない」。世界的数学者が教える「使える」数学とは。文庫版オリジナル書き下ろし。
数学の好きな人のために	志村五郎	世界的数学者が教える「使える」数学第二弾。非ユークリッド幾何学、リー群、微分方程式論、ド・ラームの定理など多彩な話題。
数学で何が重要か	志村五郎	ピタゴラスの定理とヒルベルトの第三問題、数学オリンピックの定理、ガロワ理論のことなど。文庫オリジナル書き下ろし第三弾。

フィールズ賞で見る現代数学

二〇一三年六月十日　第一刷発行

著　者　マイケル・モナスティルスキー
訳　者　眞野　元（まの・げん）
発行者　熊沢敏之
発行所　株式会社　筑摩書房
　　　　東京都台東区蔵前二―五―三　〒一一一―八七五五
　　　　振替〇〇一六〇―八―四二三三
装幀者　安野光雅
印刷所　株式会社加藤文明社
製本所　株式会社積信堂

乱丁・落丁本の場合は、左記宛に御送付下さい。
送料小社負担でお取り替えいたします。
ご注文・お問い合わせも左記へお願いします。
筑摩書房サービスセンター
埼玉県さいたま市北区櫛引町二―二六〇四
電話番号　〇四八―六五一―〇〇五三

©GEN MANO 2013 Printed in Japan
ISBN978-4-480-09543-5　C0141